超声速凹腔稳焰器中流动混合与燃烧

蔡 尊 杨揖心 赵国焱 著

科学出版社

北 京

内 容 简 介

凹腔作为一种结构简单并且利于高效低阻燃烧的稳焰装置,已经被广泛应用在超燃冲压发动机工程实践和学术研究中。本书全面综述超声速凹腔稳焰器中的气流流动混合与燃料燃烧过程最新研究进展,采用理论分析、数值计算与实验研究相结合的方法,系统介绍凹腔中的气流流动模式、燃料输运与混合过程、点火过程、火焰稳定与稳燃模式以及火焰闪回过程,并对超声速凹腔稳焰器构型及其燃烧组织的设计提出了建议。

本书可供高等院校航空航天专业或机械专业的本科生或研究生阅读参考,也可供航空航天领域内的科研院所的研究人员阅读。

图书在版编目（CIP）数据

超声速凹腔稳焰器中流动混合与燃烧/蔡尊,杨揖心,赵国焱著. —北京:科学出版社,2021.5
ISBN 978-7-03-068265-9

Ⅰ. ①超… Ⅱ. ①蔡…②杨…③赵… Ⅲ. ①航天器-发动机-火焰稳定器-研究 Ⅳ. ①V432

中国版本图书馆 CIP 数据核字(2021)第 040103 号

责任编辑:陈 婕 赵微微 / 责任校对:樊雅琼
责任印制:吴兆东 / 封面设计:蓝正设计

科学出版社 出版
北京东黄城根北街 16 号
邮政编码:100717
http://www.sciencep.com
北京中石油彩色印刷有限责任公司 印刷
科学出版社发行 各地新华书店经销
*
2021 年 5 月第 一 版 开本:720×1000 1/16
2021 年 5 月第一次印刷 印张:13 3/4
字数:280 000
定价:98.00 元
(如有印装质量问题,我社负责调换)

前　言

如何在超燃冲压发动机燃烧室内实现可靠的点火及火焰稳定，一直是影响整个超燃冲压发动机乃至整个高超声速飞行器研制的关键。由于超燃冲压发动机内气流流动速度极高（可达千米每秒量级），燃烧组织往往需借助各类火焰稳定器，以实现在超声速气流中的成功点火与火焰稳定。凹腔稳焰器作为一种常见的火焰稳定器，具有构型简单、流动损失小和热防护相对简单等诸多优势，已被大量应用于超燃冲压发动机燃烧室中。而基于超声速凹腔稳焰器开展的燃烧过程研究已经逐渐成为学术界开展超声速流动与燃烧过程研究的热点。

采用凹腔在超声速气流中实现火焰稳定的基本思想就是在超声速气流中建立一个回流区，并通过在回流区中的低速区域组织燃烧来实现火焰稳定。虽然凹腔稳焰器通常具有非常简单的几何结构，但是其涉及的流动和燃烧机理异常复杂。尤其是当飞行马赫数变化较大时，对凹腔稳焰器中的点火、火焰稳定、模态转换都提出了更为严格的要求。为了提升凹腔燃烧室的综合性能，急需深入辨析凹腔稳焰器中的气流流动混合及燃料燃烧过程机理，进一步发展适合高效低阻燃烧组织的凹腔构型及燃料喷注方案设计方法。

本书以超声速凹腔稳焰器中的气流流动混合与燃料燃烧过程为研究背景，分6章叙述。第1章对超声速凹腔稳焰器中的气流流动混合与燃料燃烧过程的最新研究进展进行全面综述。第2章研究凹腔中超声速气流的流场结构及流动模式，并在此基础上建立能够描述凹腔剪切层空间增长特性的数学模型。第3章研究凹腔燃烧室中燃料输运及混合过程，分析燃料输运与混合流场结构特征、燃料喷注方案及凹腔构型对燃料输运与混合过程的影响。第4章采用聚能火花塞点火和激光诱导等离子体点火两种强迫点火方式，系统研究带有后缘突扩凹腔构型的燃料喷注方案以及凹腔构型、点火位置对强迫点火过程的影响，讨论点火机理以及强迫点火模式，并分析强迫点火源的作用过程。第5章研究不同凹腔构型条件下燃料的燃烧特性，分析凹腔后缘突扩效应对火焰稳定能力、燃烧效率、火焰空间结构的影响，并进一步探讨后缘突扩凹腔内的稳燃模式及其所蕴含的火焰稳定及传播机制。第6章对火焰闪回诱发因素进行分析，总结火焰闪回诱发机制，并进一步提出两种描述火焰闪回诱发的理论模型。

本书由蔡尊、杨揖心和赵国焱撰写，由蔡尊定稿。在本书撰写过程中，国防科技大学的王振国院士和孙明波教授对本书内容进行了深入指导，汪洪波副研究员、朱家健副研究员、王亚男讲师和研究生李凡、王泰宇、汤涛、马光伟、刘铭江对本书的完成做出了重要贡献，在此对他们一并表示感谢。

　　由于超声速凹腔稳焰器的设计涉及复杂的流动燃烧机理，加之作者水平有限，书中难免出现不妥之处，敬请广大读者批评指正。

目　　录

第 1 章 绪 论

超燃冲压发动机是能够应用到未来高超声速飞行器和天地往返飞行器中最具潜力的吸气式推进系统。数十年来，世界各主要大国针对超燃冲压发动机的研发投入了大量精力，但是到目前为止，超燃冲压发动机的工程应用仍存在诸多难题，研制一台成熟的、实用的超燃冲压发动机仍然面临非常多的挑战。如何在超燃冲压发动机燃烧室内实现可靠的点火及火焰稳定，一直是影响整个超燃冲压发动机乃至整个高超声速飞行器研制的关键。由于超燃冲压发动机内气流速度极高(可达千米每秒量级)，燃烧组织往往需借助各类火焰稳定器，以实现在超声速气流中的成功点火与火焰稳定。凹腔，作为一种常见的火焰稳定器形式，具备构型简单、流动损失小和热防护相对简单等诸多优势，已被大量应用于超燃冲压发动机燃烧室中。基于超声速凹腔稳焰器开展的燃烧过程研究已经逐渐成为学术界开展超声速流动燃烧过程研究的热点。

研究超声速凹腔稳焰器中的燃料燃烧过程，对于进一步揭示超声速气流流动与燃烧过程机理，发展优化的超声速燃烧组织方法，促进超燃冲压发动机工程应用具有重要的意义。

1.1 超声速凹腔稳焰器

在超声速气流中组织燃烧具有较高的难度并且通常都是不稳定的,湍流脉动、激波/膨胀波和边界层的相互作用、高焓来流引起燃料自点火等因素使得超声速气流中的燃烧过程更加复杂。为了实现在超声速气流中相对稳定的燃烧，火焰稳定装置应运而生并得到了广泛研究[1]。图1.1展示的就是一个安装于模型超燃冲压发动机燃烧室内的典型的矩形截面构型凹腔稳焰器，燃烧室入口在左侧，凹腔稳焰器被安装在燃烧室下壁面上。凹腔稳焰器自 20 世纪 60 年代出现在俄罗斯航空发动机中央研究院(CIAM)的验证飞行中之后，得到了非常广泛的应用，并取得了后续大量地面和飞行试验的进一步验证。凹腔稳焰器由于具有火焰稳定效果明显、设计加工结构简单的优点，自问世以来一直被广泛关注。

超声速气流在燃烧室内流过凹腔上方时，一部分气流会被卷吸进入凹腔中并在凹腔中形成回流区，该回流区能够使点火后形成的火焰驻留，为整个燃烧室提供一个持续点火源，从而实现燃烧室中的火焰稳定。当燃烧室壁面喷注方式被整合到凹腔中形成一体化燃料喷注/火焰稳定方案时，凹腔稳焰器变得更加实用且高效，因而受到越来越多的关注[2-4]。采用凹腔在超声速气流中实现火焰稳定的基本思想就是在超声速气流中建立一个回流区，并通过在回流区中的低速区域组织燃烧从而实现火焰稳定。虽然凹腔稳焰器通常具有非常简单的几何结构，但其涉及的流动和燃烧机理异常复杂。

图 1.1　超声速凹腔稳焰器及燃烧室

　　为了实现高超声速飞行器从飞行马赫数 4 到 6 的跨越，真实飞行中需采用双模态超燃冲压发动机。由于在这种双模态飞行中燃烧工况变化范围大，所以对超声速凹腔燃烧室中的点火、火焰稳定、模态转换都提出了更为严格的要求。简单地讲，对于凹腔稳焰器，希望它具有在低马赫数、高室压燃烧时不易发生热壅塞，在高马赫数、低室压燃烧时能够降低燃烧室阻力及热流并提高发动机推力的特点。为了解决这一现实工程问题并提高燃烧室的综合性能，很多新概念凹腔构型被提出，如后缘突扩凹腔就是一种典型的新概念超燃冲压发动机燃烧室构型。近年来，一些新概念构型燃烧室在工程实践中已经获得了广泛应用。

　　依托工程应用背景开展超声速流动与燃烧基础研究时，会面对很多更加复杂且具体的问题。超燃冲压发动机燃烧室内的超声速流动、燃料/空气混合和超声速气流燃烧等过程是高度耦合在一起的复杂物理现象，而发展超声速凹腔燃烧室中的可靠点火、稳定燃烧方法都依赖这种耦合过程。虽然近年来超声速实验观测手段取得很大的发展，但解析这一高度耦合的过程仍然需要更加先进的实验研究方法，这也使得超声速流动与燃烧基础研究的进度要落后于工程研究。进一步开展超声速凹腔燃烧室中的点火与火焰稳定过程研究，对于深化对超声速气流中点火与火焰稳定过程机理的认识、优化点火与燃烧组织过程，进一步促进超燃冲压发动机工程应用与型号发展具有重要的理论价值和现实意义。

1.2 超声速凹腔稳焰器中的流动与混合特性

1.2.1 流动特性

在超声速条件下，凹腔周围的流动包含强湍流、激波与膨胀波等复杂波系，其剪切层与回流区的非定常特性及流场声学效应等研究涉及复杂的流动机理问题。人们按凹腔剪切层发展模态将超声速流态分为开式、闭式和过渡式三种类型。根据已有的实验结果经验，决定凹腔是否开闭的关键要素是凹腔的长度与深度比值的大小。Gruber 等[5]利用凹腔长度与深度之比 10 为临界值来区分，大于 10 为闭式凹腔，小于 10 则为开式凹腔。一般认为，对于唇口长度为 L、深度为 D 的常规凹腔，当 $L/D < 7$ 时，为开式凹腔；当 $L/D > 10$ 时，为闭式凹腔；当 L/D 介于两者之间时，为过渡型凹腔。图 1.2 给出了开式凹腔、闭式凹腔和后壁面倾斜开式凹腔的超声速流态示意图。

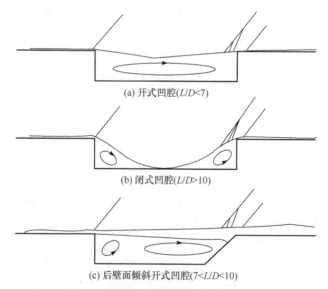

(a) 开式凹腔($L/D<7$)

(b) 闭式凹腔($L/D>10$)

(c) 后壁面倾斜开式凹腔($7<L/D<10$)

图 1.2 常规凹腔的超声速流态示意图

对于凹腔超声速流场特性的研究，最初始于航空工程领域内对高速战斗机弹仓等具有凹腔构型的装置所产生的声学效应的研究[6]。Lawson 等[7]综述了大量针对凹腔超声速湍流流动的实验和数值模拟研究工作，从凹腔流场结构、声学振荡特性、剪切层非定常行为讨论了凹腔超声速流动模式特征，总结分析了针对凹腔超声速流动特性的数值模拟研究成果。Li 等[8,9]以开式凹腔为对象，通过精细的数值模拟研究了凹腔剪切层的非定常特性，重点关注凹腔后缘引起的声学振荡效应。

Murray 等[10]利用纹影和平面激光成像研究了高速气流中凹腔剪切层的厚度增长规律，实验针对长深比为 3 的开式凹腔，在马赫数为 1.8～3.5 的来流条件下考察凹腔剪切层非稳态特性受来流速度的影响及其相互作用机理。研究发现，随着来流马赫数的增大，凹腔附近的大尺度结构逐渐衰减，且凹腔前缘后缘及剪切层产生的激波结构也随之显著改变。Rougeux 等[11]在来流马赫数为 2～3 条件下，通过数值模拟研究了三维凹腔内超声速气流流动特性，考虑了侧壁效应对声学振荡的影响，研究发现来流马赫数对凹腔内压力、温度及涡系结构有着显著影响。Zhuang 等[12]从流动控制角度，通过流场速度场测量技术对比研究了马赫数为 2 的来流条件下，长深比为 1 和 5 两种凹腔构型的超声速流场的非稳态特性，研究发现在长深比较大的凹腔，回流区内的非稳态特性更强。

　　由于凹腔内的超声速冷态流场会直接影响燃料的混合及点火过程，所以若能根据凹腔的构型参数、来流条件等准确预测其超声速流动模式，将有助于点火方案及燃料喷注方案的设计。对于长深比足够大的凹腔稳焰器，其前缘附近的流动特性和流场结构与后向台阶类似，因此可以部分借鉴超声速气流中后向台阶下游剪切层的研究结论来考虑凹腔剪切层的空间发展规律。已有研究表明，超声速气流中凹腔的剪切层及回流区结构主要取决于来流条件及凹腔的长深比[5]，同时凹腔剪切层的厚度增长率往往与回流区内外的流体密度密切相关[13]。此外，实验及数值模拟均表明，凹腔的后缘高度及后缘倾角对于回流区内的声学振荡效应具有重要影响[8]。

1.2.2　燃料喷注与混合特性

　　对于燃烧室，凹腔不仅提供了一个高温回流区，也为燃料的喷注方案设计提供了便利。常用的与凹腔稳焰器耦合的喷注方案分为凹腔内主动喷注与凹腔上游被动喷注两种。顾名思义，凹腔内主动喷注就是燃料喷孔在凹腔内部，燃料喷注之后直接进入凹腔中进行混合，这种燃料喷注方案由于不能有效提高燃烧室凹腔外部区域燃料分布当量比，通常只用于学术研究。凹腔上游被动喷注是燃料既可以直接喷注到燃烧室主流中又可以通过剪切层卷吸进入凹腔内部，该方案有利于实现点火与火焰稳定过程，因此被学术界和工程应用领域大量采用，但是其混合机理和质量输运过程与主动喷注有着显著差异。对工程应用而言，尤其在点火过程中，人们往往需要知道进入凹腔内的燃料卷吸率以及进入准稳态后燃料在凹腔内的分布情况，如由局部当量比决定的贫燃或富燃情况等。目前由于缺乏精细的实验观测手段，这些问题依旧未能彻底明晰。对于采用被动喷注的凹腔稳焰器，燃料射流的混合特性与质量输运过程亦是一个关键研究点。

　　诸多研究结论表明，对于被动喷注方式，燃料射流与凹腔剪切层之间的相互作用将增强凹腔对燃料的卷吸率。但同时需要注意，采用被动喷注方式的燃料射流在超声速流场中会产生复杂的波系结构,从而引起总压损失。为增大混合效率并尽可能地降低对流场的不利干扰,一个合理的燃料喷注方案往往需要结合凹腔稳焰器的具体构型及发动机的工作状态来确定或调整。

国内外已有学者针对凹腔稳焰器开展了燃料射流混合过程研究。Liu 等[14]研究了凹腔上游喷注氢气燃料的混合过程,研究发现燃料射流与凹腔之间的相互作用效应将直接关系到燃料进入凹腔回流区的卷吸率,具体来说,该卷吸率将在很大程度上取决于射流中的大尺度涡结构与凹腔剪切层之间的质量交换。Moorthy 等[15]针对超燃冲压发动机斜坡-凹腔模型燃烧室开展了喷注混合的实验与数值模拟研究,在凹腔上游增加斜坡喷注装置相当于提升了凹腔的前缘高度,使得该燃烧室的射流混合过程与后缘突扩凹腔类似。Burnes 等[16]研究发现,发生在凹腔剪切层内的大尺度涡结构以一定的频率从凹腔后缘脱落,有助于增强可压缩流中燃料与空气的混合。Sato 等[17]研究发现,凹腔发出的声波干扰作用于射流空气混合层上,能够增强两者之间的混合效率。Yu 等[18]研究发现,当凹腔置于圆形喷嘴射流出口并将凹腔调谐至某一特定频率时,射流剪切层中会产生大尺度拟序结构,从而增加了射流剪切层的增长速率,使混合过程得到增强。Zang 等[19]在来流马赫数为 2 的冷流中以氦气模拟燃料在凹腔上游横向喷注,通过实验发现,凹腔前缘会周期性地产生大尺度拟序结构并向下游传输,导致燃料/空气混合层的周期性变形扭曲并诱发凹腔共振,从而改善了燃料与空气的混合。Quick 等[20]在倾斜后壁凹腔稳焰器的上游加装了一个矩形凹腔,在马赫数为 2 的来流中考察了该组合构型的冷态流场混合特性,通过实验发现上游凹腔对下游的燃料喷注混合效率有明显的改善。

近年来,宽范围飞行条件(变飞行马赫数、变飞行高度)下的高超声速推进方案成为热点后,逐渐有一些研究开始关注作为超燃冲压发动机或双模态发动机燃烧室稳焰装置的突扩凹腔。区别于常规凹腔,由于突扩凹腔后缘高度与前缘深度不等,关于凹腔长深比的传统定义不再适用,依据常规非突扩凹腔实验现象或仿真结果所总结得到的诸多研究结论也不再能准确地描述非常规凹腔。

Gruber 等[5]通过实验与数值模拟研究了马赫数为 3 的来流条件下后缘高度对凹腔流场结构的影响,发现凹腔的后缘突扩率对凹腔周围的波系结构与回流区特性产生十分显著的影响。如图 1.3 所示,由于流道扩张效应,后缘突扩凹腔的前缘顶点附近将会产生一道较强的膨胀波,凹腔上方的压缩波系大幅衰减,剪切层进一步深入到凹腔中,且回流区被上方主流向底壁压缩,凹腔的前缘壁面上的压力也有所降低。研究中还发现,同样是描述凹腔构型的几何参数,相较于后缘高度,后缘壁面倾角的改变对流场结构的影响则要小很多。Maurya 等[21]在不同的凹腔后缘构型下研究了回流区内的压力振荡特性,研究发现,在 25%后缘突扩率条件下,原本产生于常规非突扩凹腔中的振荡激波串在后缘突扩凹腔中消失了，这意味着降低凹腔后缘高度将有助于抑制凹腔回流区导致的流道压力脉动。Malhotra 等[22]的实验研究也证明，凹腔的后缘突扩构型有助于控制凹腔非线性声学振荡带来的不良影响，并减弱剪切层与凹腔壁面之间形成的声学反馈循环机制。

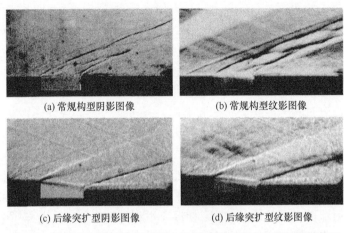

(a) 常规构型阴影图像　　　　　　　　(b) 常规构型纹影图像

(c) 后缘突扩型阴影图像　　　　　　　(d) 后缘突扩型纹影图像

图 1.3　常规非突扩凹腔与后缘突扩凹腔的超声速流场波系结构[5]

　　Gautam 等[23]进一步研究了后缘突扩凹腔底壁喷注燃料的流场结构特征，研究发现，凹腔底壁上的燃料喷注将在回流区中产生压力振荡，且喷注压力越高，后缘高度越低，凹腔中的声压级幅值将随之减少；而在相同喷注压力下，喷注位置越靠近凹腔后缘，凹腔壁面压力的振荡就越剧烈。这意味着后缘突扩凹腔回流区的前部与后部中的流动特性有着显著差异。Cai 等[24]通过大涡模拟研究了后缘突扩凹腔上游喷注燃料的混合特性，仿真结果显示，受后缘突扩效应的影响，上游被动喷注方式所能实现的燃料混合效率不高，回流区内适合点火的空间位置也因此受到压缩，建议在更加靠近凹腔前缘的底壁附近实施点火，同时为了保证得到更高的燃料混合与燃烧效率，应当在流道中布置多个后缘突扩凹腔。

1.3　超声速凹腔稳焰器中的点火过程

　　在低马赫数的超声速来流条件下，总温相对较低还不足以使喷注出的燃料发生自点火燃烧，因此工程上往往采用强迫点火方式来实现超声速燃烧过程。经典的扩散火焰中强迫点火过程已经被广泛关注并得到了大量研究，如 Mastorakos[25]针对扩散火焰的强迫点火过程开展的综述研究。而区别于常规扩散火焰中的强迫点火过程，对于超声速气流中的强迫点火过程，来流速度快、总温高、流场结构复杂等因素为强迫点火过程的机理研究带来了很大难度。因此，发展一种点火效率高、结构简单、可重复使用的点火方法一直是工程上的迫切需求[26]。

近年来，随着光学观测技术不断发展，学术界对超声速气流中强迫点火过程的研究不断取得新的成果。Ma 等[27]应用 20kHz 的 3D 成像技术研究了超声速凹腔燃烧室中的强迫点火过程，清晰地观测了强迫点火到稳定燃烧的每一个阶段，并计算了相应阶段的时间，研究表明采用 3D 成像技术能够克服传统激光诊断手段的某些不足，可获取更高时间分辨率和空间分辨率的图像。Miller 等[28]应用非常先进的 100kHz 超高频 CH_2O 平面激光诱导荧光(planar laser induced fluorescence, PLIF)技术和 CH*基 1)自发辐射成像技术对超声速气流中的强迫点火过程开展了研究，结果表明燃料喷注当量比对点火和火焰稳定过程影响很大，火焰展向传播速度和火焰前锋形态依赖点火方式、当量比和燃烧区域。Ombrello 等[29]采用纹影和 CH*基自发辐射的方法对比了超声速凹腔燃烧室中的火花塞点火及脉冲爆震点火两种方式，发现这两种点火方式都受到凹腔燃料喷注方案和流场动态变化的影响。Savelkin 等[30]对喷注乙烯的平板燃烧室通过高质量的纹影拍摄和火焰成像观测研究了电弧放电等离子体点火过程，研究表明对于等离子体点火过程，等离子体模块的位置和功率(>5kW)是实现成功点火的关键因素。

由于超声速气流中强迫点火过程时间尺度非常小，现有的实验观测手段能力有限，学术界也往往采用数值仿真的方法对超声速气流中的强迫点火过程开展研究[31-34]。Fiévet 等[35]对 HyShot-II 超声速燃烧室中点火过程的热非平衡效应开展了研究，采用高精度数值模拟的方法分析了氢气射流的火焰稳定过程，并发现温度梯度主导了点火及火焰稳定过程。Potturi 等[36]采用混合大涡模拟(large eddy simulation，LES)和雷诺平均纳维-斯托克斯方程(Reynolds-average Navier-Stokes equations，RANS)的方法(简称混合 LES/RANS 方法)对乙烯 22 组分详细化学反应机理的燃烧过程开展了仿真研究，揭示了在火焰传播过程中火焰会朝着介于化学恰当比和局部富燃之间状态的混合物传播，并且越往凹腔下游发展，火焰形态越向非预混火焰发生变化。Yang 等[37]也采用混合 LES/RANS 方法对喷注氢气的串联双凹腔和并联双凹腔燃烧室内的点火过程开展了研究，发现对于并联双凹腔燃烧室的点火过程，初始火焰在燃烧室内传播明显，火焰前锋将移动到射流出口位置，对于串联双凹腔燃烧室的点火过程，整个初始火焰传播过程由下游凹腔的集中释热和火焰快速增长所主导。

对于喷注碳氢燃料的超燃冲压发动机，燃烧室内来流速度高，湍流耗散大，给强迫点火过程带来很大的影响。尤其是对于液态碳氢燃料，其自身着火点较高，点火过程将会更加困难。因此，发展一种强化点火方法对于实现超燃冲压发动机中的可靠点火具有十分重要的意义。一般强化点火方法的设计思路主要有两种：

---

1) 本书中表示自发辐射成像技术的烃基都用 CH*基，以与其他条件下的 CH 基区分。

一种是增大强迫点火能量；另一种是优化点火前流场环境。已有成熟的强化点火方法有引导点火、节流点火、热射流点火、等离子体点火及活性添加剂点火等。

1.3.1　引导点火

引导点火是指通过预先向超声速来流中喷注着火点较低的气态燃料，强迫点火点燃该气态燃料后形成引导火焰，再利用引导火焰产生的高温高压且富含活化离子基团的环境来点燃燃烧室中主燃料射流的强化点火方法。在实现成功点火后，通常会把引导气态燃料关闭。常用的引导点火气态燃料有氢气、乙烯等。

Song 等[38]通过点燃气态氢气形成引导火焰实现了超声速燃烧室中碳氢燃料的可靠点火和火焰稳定，研究发现采用这种方式来实现碳氢燃料在低来流总温条件下的强迫点火非常有效果。Zhang 等[39]针对双模态超声速燃烧室中煤油喷雾的引导点火过程，研究了煤油喷雾和引导火焰的相互作用过程，并提出了引导点火过程的核心影响因素，即煤油喷雾的穿透深度。

虽然这种强化点火方法十分有效，但是该方法需要额外的燃料喷注模块设计，给燃烧室一体化设计和工程应用带来很大难度，因此目前该强化点火方法的应用并不广泛。

1.3.2　节流点火

节流点火是指点火时在燃烧室中通过外力产生节流作用对超声速流道造成堵塞，进而降低主流来流速度并升高局部总温、总压，从而实现成功点火的一种强化点火方式。其中，节流方式一般分为气动节流方式和机械节流方式。

Tian 等[40,41]对喷注煤油的超声速凹腔燃烧室的节流点火过程开展了实验和数值仿真研究，发现相比于采用氢气引导点火方式，采用节流点火方式能够在喷注煤油较高当量比的条件下实现成功点火和稳定的燃烧。Li 等[42]对喷注乙烯的超声速凹腔燃烧室中节流点火方式的冷态和燃烧流场分别开展了数值仿真研究，研究发现，在节流方式下，燃烧室中自由来流的温度和压力会随之升高，而来流速度会降低，进而形成非常适宜强迫点火的流场环境。在 Li 等[43]的燃烧流场仿真中，采用空气节流方式会在隔离段产生一个强激波，进而降低主流速度，并促进燃料空气的混合效率；化学反应过程也随之得到强化并产生足够的热量来维持火焰稳定。此外，Li 等[44]的研究还表明，采用气动节流形成的预燃激波串对点火过程具有重要影响，预燃激波串过弱将达不到强化点火的目的，而预燃激波串过强将导致隔离段激波外推使进气道无法启动。他们还基于准一维非定常流动燃烧模型研究了气动节流点火优化设计方法[45]，对比了空气喉部的位置、燃料喷注方案、节流时间、强迫点火持续时间等参数对点火过程的影响。

潘余等[46]、李大鹏等[47]采用机械节流方式，通过实验研究了变几何喉道对双模态超声速燃烧室内点火过程的影响，在不同当量比条件下比较了变几何喉道的双模态超声速燃烧室模态转换过程，并分析了几何喉道的大小对点火和火焰稳定过程的具体影响。他们的研究表明，变几何喉道有利于超燃冲压发动机的点火和火焰稳定过程，提高了发动机燃烧室内的燃烧性能，利于实现快速模态转换；几何喉道的大小影响燃烧室内的点火和火焰稳定过程，必须进行优化研究设计。

1.3.3 热射流点火

热射流点火是指在超声速燃烧室内额外加入一个类似预燃室结构的装置，在该装置内先点火燃烧，随后经过喷管结构形成高喷注动压比的热射流，最后直接喷注到超声速主燃烧室内引燃燃料的一种强化点火方式。产生热射流的预燃室结构中既有采用液态或气态燃料的设计，也有采用固态燃料的设计，而在实际工程应用中往往采用固态燃料。热射流点火方式的能量大，喷射动量高，系统结构简单，成本低廉，非常适合工程应用。

席文雄等[48-51]详细研究了热射流点火方式在超声速燃烧室内的应用，表明在热射流点火过程中的主要特征是凹腔下游热射流与煤油喷雾的掺混燃烧，主要机制是凹腔下游的火焰逆向传播形成凹腔驻留火焰。张弯洲等[52]利用火炬点火器实现了通过喷注乙烯在超声速燃烧室内可靠点火，并采用数值仿真方法论述了点火过程中剪切层和凹腔回流区的重要作用。丁猛等[53]、李大鹏等[47]利用酒精/氧气火炬同样实现了热射流点火，在低总温超声速来流条件下开展了大量的点火实验。

1.3.4 等离子体点火

等离子体点火是指利用等离子体生成原理，采用高压电弧放电等方式使工作气体(如 N_2、O_2 等)生成等离子体，进而促进燃烧化学反应的一种强化点火方式。等离子点火方式具有点火能量高、作用范围广、点火功率可调可控、工作气体的种类选择范围大等优势。

Brieschenk 等[54-56]采用 PLIF 和纹影观测的手段对激光诱导等离子体点火过程开展了研究。他们的研究证明了激光诱导等离子体能够促进生成氢氧基，从而强化点火过程，采用氩气作为电离气体具有更明显的强化点火效果。Matsubara 等[57]将一个等离子体火炬和一个介质阻挡放电(dielectric barrier discharge, DBD)整合在一起用于点燃超声速气流中的氢气射流，并成功实现了点火，他们指出 DBD 等离子体强化点火的机理是诱导产生了 O_3，O_3 比其他组分在超声速气流中的存活时间更长，并能够像氧原子一样加速化学反应过程。Kitagawa 等[58]采用等离子体火炬点火方式对喷注甲烷和氢气的超声速平板燃烧室分别开展了强化点火实验研究，研究表明对于喷注氢气的工况，等离子体火炬设置在燃料射流上游和下游都能够实现可靠的点火；相比之下，对于喷注甲烷的工况，只有当等离子体火炬设置在燃料射流上游，才能够实现成功点火。

等离子体点火方式由于能量可控且效果明显，非常适合开展超声速气流中强迫点火的机理研究，学术界对这种强化点火方式广泛关注并做了有益的探索。虽然该点火方式目前在工程应用前景上并不明朗，但随着科技不断发展及其在系统重量、体积、操控性等方面不断得到改善，未来有望成为工程上成熟可靠的点火技术。

1.3.5 活性添加剂点火

活性添加剂点火是指通过预先在燃料中添加增强活性的添加剂，从而降低燃料着火点，在额定工作来流工况条件下实现自点火的一种强化点火方式。

硅烷是一种最常用的活性添加剂。把硅烷和燃料预先掺混一并贮存在燃料储箱的方法，几乎不用设置额外的点火装置，这大大降低了燃烧室系统设计难度[59-65]。根据公开报道的信息，美国的 X43-A 高超神速飞行器采用硅烷作为点火活性添加剂，成功解决了飞行试验条件下的点火问题[66]。但采用这种强化点火方法必须对燃料贮存和运输的安全性加以考虑。已有研究表明，在液态碳氢燃料中预先混入金属基的点火活性添加剂(如硼氢化铝、三已烷基硼、戊硼烷等)可以进一步保证燃料在冷态条件下的安全性。综合考虑安全性和经济性，这种强迫点火方式目前并未广泛使用。

其他强化点火方法还包括补氧法[67]和激波诱导法等，本节不再一一列举。

1.4 超声速凹腔稳焰器中的火焰稳定与稳焰模式

1.4.1 火焰稳定

由于超声速流动与燃烧过程涉及极端复杂的流动与化学反应动力学机理，凹腔内超声速气流中的稳焰机理(后文简称"凹腔稳焰机理")至今未有定论。一般而言，凹腔内是否能够实现火焰稳定，取决于凹腔构型、燃料喷注方式、点火方式及来流条件等多方面因素。当来流总温足够高时，自点火效应变得显著，凹腔稳焰机理将变得更加复杂。无论是从工程应用还是从基础研究来说，明晰凹腔稳焰机理都具有十分重要的意义。具体而言，首先需要能够清晰认识在稳定燃烧状态下凹腔附近的流场特性、火焰结构及传播特性、射流/剪切层/回流区相互作用等复杂过程，并以此总结出稳燃模式，回答火焰如何实现稳定的问题；其次需要从燃烧是否能够维持稳定状态这一角度出发，讨论在怎样的外部条件下采用凹腔能够实现火焰稳定。

孙明波[68]以常规构型凹腔上游喷注氢气燃烧流场为研究对象，结合实验观测与数值模拟研究了凹腔内组织的超声速流动与燃烧过程，指出凹腔内上游燃料射流引起的反转旋涡可能对凹腔剪切层及射流中的火焰传播与稳定过程具有重要作用。汪洪波[69]通过改变后缘倾角与喷注当量比研究了凹腔火焰的振荡特性，他的研究结果表明在一定条件下，主流中的火焰前锋振荡不仅被凹腔剪切层附近的火焰基底振荡支配，还受到自点火过程及射流/剪切层相互作用的影响。吴锦水[70]对超燃冲压发动机燃烧室内出现的逆流火焰加速现象开展了系统研究，指出凹腔内气流稳定燃烧的周期性火焰逆传现象与化学反应机理及近壁湍流边界层紧密相关。

对于凹腔稳焰器来说，气流燃烧特性及稳焰机理与燃料的喷注方式紧密相关。凹腔内直接喷注是一种常用的燃料喷注方式，该方式有利于燃料往凹腔回流区的输运，可以在点火等过渡过程中保持较好的燃烧稳定性[71]。Rasmussen 等[72]研究了凹腔内直接喷注方式下的火焰稳定特性，研究表明，在中等当量比条件下，当燃料从凹腔后壁喷注时，燃料立刻与剪切层下方反应区的燃烧产物接触，燃烧主要发生在剪切层下方和凹腔回流区的后部；而当燃料从凹腔底壁喷注时，一个射流驱动的、充满燃烧产物的回流区在凹腔上游壁面附近形成，并起到火焰稳定的作用，此时反应主要发生在剪切层下侧[73,74]。Kim 等[75]采用数值模拟方法研究了超声速燃烧室中凹腔上游横向喷注氢气的燃烧，发现一个能够自持稳定的火焰基底存在于凹腔剪切层内，高温产物通过射流/凹腔剪切层的涡干扰作用被输运至燃料射流中，这一研究结论与 Sun 等[76]的实验观测与大涡模拟结果是吻合的。汪洪波[69]发现，从凹腔到主流的火焰或燃烧区传播不仅受传统扩散过程影响，还受由释热引起的回流区扩张以及射流与凹腔剪切层相互作用引起的对流过程影响。除单个常规凹腔外，Situ 等[77,78]和潘余[79]对双凹腔组合式稳焰器进行了研究，并观察到双凹腔可以增强混合和强化燃烧。Yang 等[80]就串联式与并联式双凹腔展开了实验与数值模拟研究，并揭示了双凹腔的火焰动态特性。

1.4.2 稳焰机理

在凹腔稳燃模式的研究上，诸多学者给出了不同的描述方法。Micka 等[81]研究了带凹腔稳焰器的双模态超燃冲压发动机燃烧室内的火焰燃烧特性。对于凹腔上游喷注燃料，发现了两种不同的稳定燃烧模式：当空气来流总温较低时，燃烧稳定在凹腔剪切层内，呈现出凹腔稳燃模式；当空气来流总温较高时，燃烧稳定在燃料射流下游很短距离的尾迹内，称为射流尾迹稳燃模式。Le 等[82]根据释热最强的区域定义了两种不同的凹腔稳燃模式，即剪切层稳燃和回流区稳燃模式。Wang 等[83]额外观察到了一种称为联合凹腔剪切层与回流区机制的稳燃模式，强调在一定当量比及混合条件下，回流区与剪切层两者对于凹腔火焰稳定均具有重要作用，同时指出剪切层稳燃模式是其中鲁棒性最强的。与之类似，Zhang 等[84]在不同当量比条件下发现了介于射流尾迹稳燃模式与剪切层稳燃模式之间的抬升剪切层稳燃模式。这些已有研究中提出的稳燃模式反应区结构如图 1.4 所示。

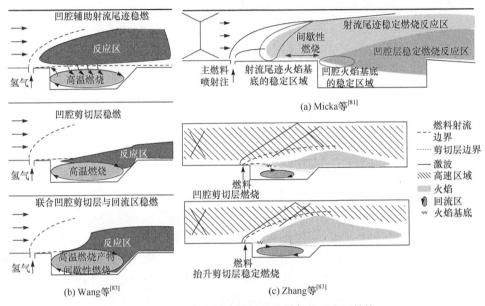

图 1.4　已有研究中提出的凹腔稳燃模式反应区结构

　　尽管目前对常规凹腔内稳定燃烧的火焰结构、火焰稳定与传播机制有了一定的认识，并就一些关键影响因素开展了大量的参数化研究。但是，这些研究主要是基于稳定燃烧状态进行的，而要彻底回答稳焰机理则必须同时解决凹腔稳焰边界或吹熄极限的问题。凹腔内火焰受来流条件、凹腔构型及燃料喷注过程等因素的影响，存在一定的稳定极限，一旦超过这些极限，火焰将被吹熄。稳焰极限作为衡量凹腔内火焰稳定能力的重要参数，也是研究火焰稳定机理的关键问题之一[85]。虽然目前已有研究者针对超声速气流中稳焰凹腔的点火失败或火焰吹熄现象开展了一些研究，但仍未建立有效的凹腔火焰稳定或吹熄理论模型，凹腔的设计也缺乏可靠的准则，其中一个重要原因就是未能完全理解凹腔内火焰的稳定或吹熄机制，对近稳定极限状态下燃烧流动特性缺乏清晰的认识。

　　稳焰边界或吹熄极限是凹腔及燃料喷注方案设计的一个重要参数。为了深入理解稳焰边界问题，需研究近稳定极限状态下的凹腔内燃料燃烧流场特性。Rasmussen 等[86]对凹腔内直接喷注的碳氢燃料火焰稳定性进行了实验研究，发现贫燃条件或中等当量比条件以及喷注位置的改变将对反应区结构造成显著影响，如图 1.5 所示，研究指出凹腔后壁的直接喷注可以在贫燃吹熄极限附近提供更好的性能，而凹腔底壁喷注能在接近富燃吹熄极限时形成更稳定的火焰，因为过多的燃料可以轻易地进入凹腔剪切层进而逃逸至主流。研究还发现，贫燃和富燃极限所对应的全局当量比的具体取值均强烈依赖燃料喷注位置，这意味着研究凹腔的稳焰边界必须将喷注方案一同纳入研究中来。

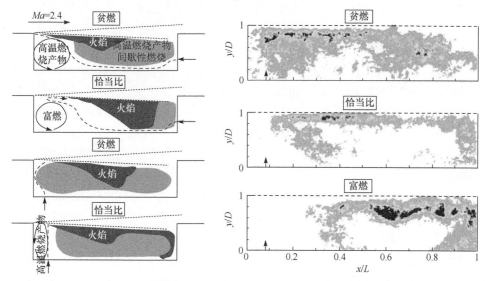

图 1.5　不同当量比条件下的凹腔稳焰机理与凹腔燃烧流场 CH_2O-PLIF 图像[87]

　　Donohue[88]的实验测量也表明稳焰边界对燃料喷注位置和流量最为敏感，而对入口马赫数和工作压力并不敏感。Lin 等[89,90]研究了采用乙烯燃料的凹腔稳焰边界，评估了下游背压、燃料喷注方案和凹腔长深比的影响，其研究结论表明，提高背压导致凹腔贫燃性能变差，采用凹腔上游和凹腔内部的组合式喷注方案相对于凹腔上游单独喷注的情况将降低富燃吹熄极限，原因是部分燃料从主燃料射流羽流卷吸进入凹腔，并与凹腔内燃料进行融合，这将进一步阻止流道中的主流空气卷吸进入凹腔回流区，从而导致主反应区的富燃极限更容易达到。Retaureau 等[91]对超声速气流中凹腔底壁喷注燃料的火焰稳定性进行了实验研究，分析了吹熄极限对实验条件的敏感性，结果表明，少量氢气的引入导致甲烷燃烧稳定性大幅提高，而引入乙烯的影响较小；凹腔火焰的稳定域随着超声速来流的温度和压力的升高而变宽，且稳焰边界部分受到超声速来流特性的控制；凹腔长度的减小将直接导致稳定域变窄，因为短凹腔在更低的燃料流量下即可能出现富燃。王晶等[92]实验研究了凹腔稳定的航空煤油超声速燃烧贫富燃吹熄极限，结果表明来流总温对熄火极限有重要影响，且富燃极限对温度的依赖性更大。在数值模拟方面，Choi 等[93]及 Ghodke 等[94]采用 LES 研究凹腔火焰的稳定性时发现，在稳定燃烧和吹熄条件下，流动结构存在巨大差异：稳定燃烧时，在凹腔后部区域出现一个大回流区，可有效促进高温产物的输运及增强燃料与空气混合；在吹熄极限附近，凹腔内出现一些小的局部回流结构，这可能不利于高温产物的混合及混合气的输运。

但是，目前大多实验或数值模拟研究仅局限于寻找实验特定条件下的凹腔火焰稳定边界或对吹熄极限的影响因素进行参数化研究和分析，并未能将这些因素通过理论分析给出它们之间的定量关联，因此，为厘清凹腔吹熄极限的核心问题，建立一个能够描述凹腔稳焰边界的数学模型是十分必要的。

许多研究均表明，当凹腔局部有效当量比向贫燃或富燃极限接近时，火焰通常稳定在凹腔剪切层内。Driscoll 等[95]基于该假设推导了关联非预混凹腔火焰吹熄极限的理论模型，其核心思想是假设部分预混火焰存在于凹腔剪切层内。虽然该模型为分析凹腔稳定的超声速燃烧提供了重要参考，但它存在明显的局限：其理论基础是凹腔剪切层中部分预混火焰基底与当地流速的匹配，因此仅适用于类似三重火焰(triple flame)的稳焰机制，而不能有效考虑回流区点火机制。由于缺乏预测近熄火条件下凹腔剪切层及回流区燃烧流动特性的可靠模型，Rasmussen 等[96]通过建立全局当量比与 Damkohler 数两者之间的关系来描述凹腔火焰吹熄极限模型，此模型做了很多较为粗糙的近似假设且不可避免地引入了多个经验常数，这些常数需要通过关联实验数据来确定，因此严格意义上，它只是一个关联分析模型，而不是一个理论预测模型。王振国等[85]在此基础上进一步细化了各个关键子过程的数学模型，摒弃了全局当量比，提出了有效当量比的计算方法，改进了凹腔稳焰边界模型。

综上所述，凹腔内的超声速流动、燃料混合与燃烧流场特性的研究不仅具备重要的学术意义，也给工程提供了有价值的参考数据。目前的研究大多仅针对常规构型及稳定燃烧状态，而关于如后缘突扩凹腔等新型凹腔构型内的超声速流动、混合与稳焰机理目前还未有清晰认识，对于近贫燃极限状态下的建模与仿真工作目前开展得也很少。

1.5　超声速凹腔稳焰器中的火焰闪回过程

火焰闪回现象是指超燃冲压发动机燃烧室内的火焰沿着燃烧室壁面预混燃料一侧向上游传播的现象。火焰最开始附着于凹腔及其下游区域，由于某种原因，凹腔下游火焰燃烧急剧增强，产生的高压区推动着火焰快速向上游逆流传播，该现象会造成燃烧室喘振，严重时甚至导致进气道不启动，影响发动机正常工作。

超声速气流中的火焰闪回现象是燃烧振荡的关键子过程。一段时间以来，研究人员普遍认为扰动不能在超声速流场中向上游传播，因缺少驱动和维持燃烧振荡所需的闭环反馈系统[97-99]，扰动都将从出口排出并且不对上游区域产生影响。受制于认识上的局限性，超声速气流中的火焰闪回现象的诱发与传播研究一直被众多学者忽视。实际上，通过许多实验已经观察到燃烧不稳定现象。到目前为止，总结出三种因素造成火焰闪回，即热壅塞诱发火焰闪回、自点火诱发火焰闪回和爆燃转爆轰诱发火焰闪回。

1.5.1 热壅塞诱发火焰闪回

一部分学者认为燃烧室内的边界层分离形成热壅塞是诱发火焰闪回的主导因素。Mathur 等[100]在发动机喷注乙烯燃料的燃烧室实验中观察到火焰的快速扩散，实验测得的壁面压力分布结果表明火焰可能沿着分离的边界层越过底壁凹腔向上游持续扩散，他们将火焰闪回现象归因于当量比的提升。李大鹏等[101]进行了超燃冲压发动机液态煤油点火实验，发现火焰从凹腔下游的初始着火区域迅速向凹腔上游传播，并伴随壁面压力发生急剧变化。席文雄等[50]研究了在超声速气流中的煤油强迫点火过程，发现初始火焰分布在凹腔下游，随后沿着凹腔下游壁面向上游传播；火焰向上游传播的原因是燃烧释热产生的逆压梯度和热射流引起的边界层分离。Vinogradov 等[102]认为，提高射流穿透深度能够提高燃料混合效率并且避免燃料过多地分布在边界层内，从而有效地消除可燃混合气在边界层内的闪回现象。这从另一方面说明了火焰闪回现象与边界层分离有关。O'Byrne 等[103,104]总结了几种引起热壅塞现象的原因，并以此分析下游压力扰动向上游传播的过程，认为燃烧室中的热释放引起的高背压促使边界层分离，为火焰闪回提供了条件。Frost 等[105]认为燃烧引起的压力升高导致边界层分离，从而引起火焰闪回。Laurence 等[106-110]通过实验和数值仿真手段，针对高当量比条件下引起氢气燃料超燃冲压发动机不稳定现象的原因进行研究,实验和数值结果表明，尽管观察到了局部的边界层分离并伴随激波向上游传播现象，但是引起火焰闪回最主要的机理仍然是局部热壅塞。Aguilera 等[111]同样观测到了热壅塞及火焰闪回等现象。

1.5.2 自点火诱发火焰闪回

一般认为超燃冲压发动机燃烧室内部流速非常高，不可能出现自点火效应。然而从实验观测结果看，当来流总温升高超过一定阈值后，各种燃料的点火延迟时间明显缩短，此时有可能显现自点火效应。Micka 等[112-115]在对超燃冲压发动机燃烧室进行数值仿真分析的过程中获得了火焰稳定的两种模态，即超声速燃烧模态和亚声速燃烧模态。根据 Micka 的理论，当来流从中等总温向高总温切换时，自点火效应导致火焰向上游传播，使得凹腔稳定燃烧状态向射流尾迹稳定燃烧状态切换，并伴有频率为 5～10Hz 的燃烧振荡。Wang 等[116]以喷注氢气的超燃冲压发动机燃烧室内高频燃烧振荡为研究对象，利用三维 LES/RANS 数值模拟方法进行仿真研究。他们认为射流降低了高速来流的速度并升高温度，减少了可燃气的点火延迟时间，增加了发生自点火的可能性。Mitani 等[117]对飞行马赫数为 6 的条件下的喷注氢气燃烧室进行了全三维数值模拟计算，观察到火焰闪回速度高达1300m/s，分析得出该现象不可能是预混气的燃烧传播过程，应该是自点火效应的结果。Nordin-Bates 等[118]对 HyShot II 喷注氢气的发动机在飞行马赫数 7.4、总温1350K 条件下进行了 LES，发现随着当量比的提高，当激波跨过喷注下游的部分预混合燃料预热区域时，自点火效应极有可能发生。

　　不仅氢气可能出现自点火效应，乙烯煤油等燃料在某些条件下同样会产生自点火效应。孙英英[119]在对预混煤油的燃烧火焰传播的实验研究中发现，随着来流静温逐渐升高，煤油的自点火延迟时间逐渐降低，当温升超过某一阈值时，可燃气便有可能产生自点火效应。Noh 等[120,121]通过二维数值计算方法来研究喷注横向氢气射流在超燃冲压发动机中的非稳态现象，发现当采用空气节流辅助点火时，流动马赫数明显降低，燃料在燃烧室内的驻留时间得以增加，燃料与空气的混合程度提高并进一步造成压升和温升，从而导致边界层的分离，并为自点火效应提供条件，在上壁面和下壁面的亚声速分离区中，燃料混合气会发生自点火效应，推动边界层分离区和预燃激波串不断前传，最终出现火焰闪回现象。

1.5.3　爆燃转爆轰诱发火焰闪回

　　一些学者根据火焰闪回时火焰相对于燃烧室壁面的速度，认为火焰闪回与爆燃转爆轰(deflagration-to-detonation transition, DDT)过程相关[122-124]。李大鹏[125]发现在循环往复的燃烧振荡现象中，火焰锋面以 150～600Hz 频率发生往复振荡，火焰前锋相对燃烧室的回传速度约为 500m/s，如果考虑来流气体速度，则远高于此时根据煤油当量比估算的最大 CJ(Chapman Jouquet)爆轰波传播速度(1500m/s)。因此，可以认为火焰闪回过程很可能是类似吸气式爆震发动机中爆燃转爆轰的中间过程。

　　Wang 等[124]、Sun 等[126]对来流马赫数 2.1、总温 846K 条件下喷注乙烯燃料的超燃冲压发动机燃烧室进行观测，发现低于 500Hz 无固定周期振荡现象，依据最大火焰闪回速度与 CJ 爆震速度对比图，认为这种振荡与 DDT 过程关系密切。龚诚[127]对氢气燃料喷注的完全预混燃烧进行 LES 数值研究，结果显示燃烧室中多个串联凹腔会产生复杂的激波系与火焰作用，导致稳定在凹腔剪切层中的火焰不断加速，由稳定燃烧转变为爆震波并向上传播。潘余[79]对串联凹腔进行了高速摄影和纹影实验观测，发现在火焰闪回的整个过程中火焰锋面上游一直存在分离激波，而火焰闪回速度相对来流可高达数百米每秒，该速度远高于湍流扩散火焰速度且类似于爆震现象。

可以看出，目前超声速气流中的火焰闪回现象诱发机制仍然不够清晰，有必要对其进行详细的研究。

1.6 本书篇章结构

本书以凹腔稳焰器中的超声速气流流动、混合与燃烧过程为研究背景，重点针对超声速气流中的点火、火焰稳定及火焰闪回等过程进行实验和数值仿真研究，深入探究凹腔稳焰器内的燃烧过程特性，为超声速气流中燃烧组织优化设计以及超燃冲压发动机燃烧室工程应用提供重要参考。本书共分为 6 章，各章的主要内容概述如下：

第 1 章介绍本书的研究背景与意义。首先概述超声速凹腔稳焰器的背景与发展，随后分别对超声速凹腔稳焰器中的流动与混合过程、点火过程、火焰稳定与稳焰模式以及火焰闪回过程展开叙述。

第 2 章采用数值模拟方法研究在无反应冷态条件下超声速凹腔稳焰器中的流场结构，并在此基础上，建立能够描述后缘突扩凹腔剪切层空间增长特性的数学模型。

第 3 章采用数值模拟方法研究超声速凹腔稳焰器中燃料输运与混合过程，辨析凹腔上游喷注燃料的详细流场结构特征，并分析燃料喷注方案及凹腔构型对燃料输运与混合过程的具体影响。

第 4 章采用实验观测的手段研究超声速凹腔稳焰器中的点火过程，深入分析燃料喷注方案、凹腔构型、点火位置对凹腔点火过程的具体影响，并对强迫点火模式开展研究分析，最后采用数值仿真方法分析点火前流场以及强迫点火源的作用过程。

第 5 章采用实验观测与数值模拟研究相结合的方法研究超声速凹腔稳焰器中的火焰稳定与稳燃模式，分析凹腔上游喷注燃料的燃烧流场特征，讨论燃料喷注方案以及凹腔构型对火焰稳定过程中火焰结构与燃烧强度的影响，并在此基础上进一步探讨凹腔稳燃模式及其所蕴含的火焰稳定及传播机制。

第 6 章采用实验观测、数值模拟和理论分析相结合的方法研究超声速凹腔稳焰器中的火焰闪回过程，探讨燃料喷注方案以及凹腔构型对火焰闪回过程的影响，分析多种湍流燃烧数值模型的不同边界层条件和施加不同扰动对火焰闪回的具体诱发因素，最终提出超声速燃烧火焰闪回诱发机制模型。

参 考 文 献

[1] Segal C. The Scramjet Engine: Processes and Characteristics[M]. Cambridge: Cambridge University Press, 2009.

[2] Ben-Yakar A, Hanson R K. Cavity flame-holders for ignition and flame stabilization in scramjets: An overview[J]. Journal of Propulsion and Power, 2001, 17(4): 869-877.

[3] Barnes F W, Segal C. Cavity-based flameholding for chemically-reacting supersonic flows[J]. Progress in Aerospace Sciences, 2015, 76: 24-41.

[4] 蔡尊. 超声速气流中凹腔主动喷注的强迫点火过程及优化研究[D]. 长沙: 国防科技大学, 2014.

[5] Gruber M R, Baurle R A, Mathur T, et al. Fundamental studies of cavity-based flameholder concepts for supersonic combustors[J]. Journal of Propulsion and Power, 2001, 17(1): 146-153.

[6] Colonius T. An overview of simulation, modeling, and active control of flow/acoustic resonance in open cavities[C]. The 39th Aerospace Sciences Meeting and Exhibit, Reno, 2001: 76.

[7] Lawson S J, Barakos G N. Review of numerical simulations for high-speed, turbulent cavity flows[J]. Progress in Aerospace Sciences, 2011, 47(3): 186-216.

[8] Li W P, Nonomura T, Oyama A, et al. LES study of feedback-loop mechanism of supersonic open cavity flows[C]. The 40th Fluid Dynamics Conference and Exhibit, Chicago, 2010: 5112.

[9] Li W P, Nonomura T, Fujii K. Effects of shear-layer characteristic on the feedback-loop mechanism in supersonic open cavity flows[C]. The 49th AIAA Aerospace Sciences Meeting including the New Horizons Forum and Aerospace Exposition, Orlando, 2011: 1218.

[10] Murray R C, Elliott G S. Characteristics of the compressible shear layer over a cavity[J]. AIAA Journal, 2001, 39(5): 846-856.

[11] Rougeux A, Malo-Molina F. Numerical studies for 3D supersonic cavity based flows[C]. The 50th AIAA Aerospace Sciences Meeting including the New Horizons Forum and Aerospace Exposition, Nashville, 2012: 776.

[12] Zhuang N, Alvi F S, Alkislar M B, et al. Supersonic cavity flows and their control[J]. AIAA Journal, 2006, 44(9): 2118-2128.

[13] Davis D, Bowersox R, Davis D, et al. Stirred reactor analysis of cavity flame holders for scramjets[C]. The 33rd Joint Propulsion Conference and Exhibit, Seattle, 1997: 3274.

[14] Liu C Y, Zhao Y H, Wang Z G, et al. Dynamics and mixing mechanism of transverse jet injection into a supersonic combustor with cavity flameholder[J]. Acta Astronautica, 2017, 136: 90-100.

[15] Moorthy J V S, Rajinikanth B, Charyulu B V N, et al. Effect of ramp-cavity on hydrogen fueled scramjet combustor[J]. Propulsion and Power Research, 2014, 3(1): 22-28.

[16] Burnes R, Parr T, Wilson K, et al. Investigation of supersonic mixing control using cavities-Effect of fuel injection location[C]. The 36th AIAA/ASME/SAE/ASEE Joint Propulsion Conference and Exhibit, Las Vegas, 2000: 3618.

[17] Sato N, Imamura A, Shiba S, et al. Advanced mixing control in supersonic airstream with a wall-mounted cavity[J]. Journal of Propulsion and Power, 1999, 15(2): 358-360.

[18] Yu K H, Schadow K C. Cavity-actuated supersonic mixing and combustion control[J]. Combustion and Flame, 1994, 99(2): 295-301.

[19] Zang A, Tempel T, Yu K, et al. Experimental characterization of cavity-augmented supersonic mixing[C]. The 43rd AIAA Aerospace Sciences Meeting and Exhibit, Reno, 2005: 1423.

[20] Quick A, King P, Gruber M, et al. Upstream mixing cavity coupled wtih a downstream flameholding cavity behavior in supersonic flow[C]. The 41st AIAA/ASME/SAE/ASEE Joint Propulsion Conference & Exhibit, Tucson, 2005: 3709.

[21] Maurya P K, Rajeev C, Vinil Kumar R R, et al. Effect of aft wall offset and ramp on pressure oscillation from confined supersonic flow over cavity[J]. Experimental Thermal and Fluid Science, 2015, 68: 559-573.

[22] Malhotra A, Vaidyanathan A. Aft wall offset effects on open cavities in confined supersonic flow[J]. Experimental Thermal and Fluid Science, 2016, 74: 411-428.

[23] Gautam T, Lovejeet G, Vaidyanathan A. Experimental study of supersonic flow over cavity with aft wall offset and cavity floor injection[J]. Aerospace Science and Technology, 2017, 70: 211-232.

[24] Cai Z, Liu X, Gong C, et al. Large eddy simulation of the fuel transport and mixing process in a scramjet combustor with rearwall-expansion cavity[J]. Acta Astronautica, 2016, 126: 375-381.

[25] Mastorakos E. Ignition of turbulent non-premixed flames[J]. Progress in Energy and Combustion Science, 2009, 35(1): 57-97.

[26] Cai Z, Wang T Y, Sun M B. Review of cavity ignition in supersonic flows[J]. Acta Astronautica, 2019, 165: 268-286.

[27] Ma L, Lei Q Q, Wu Y, et al. From ignition to stable combustion in a cavity flameholder studied via 3D tomographic chemiluminescence at 20 kHz[J]. Combustion and Flame, 2016, 165: 1-10.

[28] Miller J D, Peltier S J, Slipchenko M N, et al. Investigation of transient ignition processes in a model scramjet pilot cavity using simultaneous 100kHz formaldehyde planar laser-induced fluorescence and CH* chemiluminescence imaging[J]. Proceedings of the Combustion Institute, 2017, 36(2): 2865-2872.

[29] Ombrello T M, Carter C D, Tam C J, et al. Cavity ignition in supersonic flow by spark discharge and pulse detonation[J]. Proceedings of the Combustion Institute, 2015, 35(2): 2101-2108.

[30] Savelkin K V, Yarantsev D A, Adamovich I V, et al. Ignition and flameholding in a supersonic combustor by an electrical discharge combined with a fuel injector[J]. Combustion and Flame, 2015, 162(3): 825-835.

[31] Gao L J, Wang L, Qian Z S. Numerical simulation of ignition process in multi-cavity combustors at high supersonic flight condition[C]. The 21st AIAA International Space Planes and Hypersonics Technologies Conference, Xiamen, 2017: 2186.

[32] Yang V, Li J, Choi J Y, et al. Ignition transient in an ethylene fueled scramjet engine with air throttling part I: Non-reacting flow development and mixing[C]. The 48th AIAA Aerospace Sciences Meeting Including the New Horizons Forum and Aerospace Exposition, Orlando, 2010: 409.

[33] Cai Z, Wang Z G, Sun M B, et al. Large eddy simulation of the flame propagation process in an ethylene fueled scramjet combustor in a supersonic flow[C]. The 21st AIAA International Space Planes and Hypersonics Technologies Conference, Xiamen, 2017: 2148.

[34] Liu X, Cai Z, Tong Y H, et al. Investigation of transient ignition process in a cavity based scramjet combustor using combined ethylene injectors[J]. Acta Astronautica, 2017, 137: 1-7.

[35] Fiévet R, Voelkel S, Koo H, et al. Effect of thermal nonequilibrium on ignition in scramjet combustors[J]. Proceedings of the Combustion Institute, 2017, 36(2): 2901-2910.

[36] Potturi A S, Edwards J R. Large-eddy/reynolds-averaged Navier-Stokes simulation of cavity-stabilized ethylene combustion[J]. Combustion and Flame, 2015, 162(4): 1176-1192.

[37] Yang Y X, Wang Z G, Sun M B, et al. Numerical simulation on ignition transients of hydrogen flame in a supersonic combustor with dual-cavity[J]. International Journal of Hydrogen Energy, 2016, 41(1): 690-703.

[38] Song W Y, Li M, Cai Y H, et al. Experimental investigation of hydrocarbon-fuel ignition in scramjet combustor[J]. Chinese Journal of Aeronautics, 2004, 17(2): 65-71.

[39] Zhang M, Hu Z W, Luo K H, et al. LES of kerosene spray combustion with pilot flame in a model dual mode ramjet chamber[C]. The 45th AIAA/ASME/SAE/ASEE Joint Propulsion Conference & Exhibit, Denver, 2008: 5385.

[40] Tian Y, Xiao B G, Zhang S P, et al. Experimental and computational study on combustion performance of a kerosene fueled dual-mode scramjet engine[J]. Aerospace Science and Technology, 2015, 46: 451-458.

[41] Tian Y, Yang S H, Le J L, et al. Investigation of combustion process of a kerosene fueled combustor with air throttling[J]. Combustion and Flame, 2017, 179: 74-85.

[42] Li J, Zhang L, Choi J Y, et al. Ignition transients in a scramjet engine with air throttling part 1: Nonreacting flow[J]. Journal of Propulsion and Power, 2014, 30(2): 438-448.

[43] Li J, Zhang L W, Choi J Y, et al. Ignition transients in a scramjet engine with air throttling part II: Reacting flow[J]. Journal of Propulsion and Power, 2015, 31(1): 79-88.

[44] Li J, Ma F H, Yang V, et al. A comprehensive study of ignition transient in an ethylene-fueled scramjet combustor[C]. The 43rd AIAA/ASME/SAE/ASEE Joint Propulsion Conference & Exhibit, Cincinnati, 2007: 5025.

[45] Li J, Ma F H, Yang V, et al. Control and optimization of ignition transient of scramjet engine using air throttling[C]. The 44th AIAA Aerospace Sciences Meeting and Exhibit, Reno, 2006: 1028.

[46] 潘余, 李大鹏, 刘卫东, 等. 变几何喉道对超燃冲压发动机点火与燃烧性能的影响[J]. 推进技术, 2006, 27(3): 225-229.

[47] 李大鹏, 潘余, 吴继平, 等. 几何可调喉道双模态冲压发动机点火过程试验研究[J]. 弹箭与制导学报, 2006, 26(4): 210-213.

[48] 席文雄. 超声速气流中的点火启动及其强化机理研究[D]. 长沙: 国防科技大学, 2013.

[49] Li Q, Xi W X, Lai L, et al. Research on hot gas jet ignition process of scramjet combustor fueled with kerosene[C]. The 18th AIAA/3AF International Space Planes and Hypersonic Systems and Technologies Conference, Tours, 2012: 5947.

[50] 席文雄, 王振国, 李庆, 等. 超声速气流中煤油喷雾的热射流强迫点火[J]. 航空动力学报, 2012, 27(11): 2436-2441.

[51] 席文雄, 王振国, 刘卫东, 等. 双模态超燃冲压发动机点火方案对比试验[J]. 推进技术, 2013, 34(3): 383-389.

[52] 张弯洲, 乐嘉陵, 杨顺华, 等. Ma4 下超燃发动机乙烯点火及火焰传播过程试验研究[J]. 实

验流体力学, 2016, 30(3): 40-46.

[53] 丁猛, 余勇, 梁剑寒, 等. 碳氢燃料超燃冲压发动机点火技术试验[J]. 推进技术, 2004, 25(6): 566-569.

[54] Brieschenk S, O'Byrne S, Kleine H. Ignition characteristics of laser-ionized fuel injected into a hypersonic crossflow[J]. Combustion and Flame, 2014, 161(4): 1015-1025.

[55] Brieschenk S, O'Byrne S, Kleine H. Laser-induced plasma ignition studies in a model scramjet engine[J]. Combustion and Flame, 2013, 160(1): 145-148.

[56] Brieschenk S, Kleine H, O'Byrne S. Laser ignition of hypersonic air-hydrogen flow[J]. Shock Waves, 2013, 23(5): 439-452.

[57] Matsubara Y, Takita K, Masuya G. Combustion enhancement in a supersonic flow by simultaneous operation of DBD and plasma jet[J]. Proceedings of the Combustion Institute, 2013, 34: 3287-3294.

[58] Kitagawa T, Moriwaki A, Murakami K, et al. Ignition characteristics of methane and hydrogen using a plasma torch in supersonic flow[J]. Journal of Propulsion and Power, 2003, 19(5): 853-858.

[59] Tepper F, Kaledin L. Nano aluminum as a combustion accelerant for kerosene in air breathing systems[C]. The 39th Aerospace Sciences Meeting and Exhibit, Reno, 2001: 521.

[60] Morris N, Morgan R, Paull A, et al. Silane as an ignition aid in scramjets[C]. The 22nd Thermophysics Conference, Honolulu, 1987: 1636.

[61] Mcguire J, Boyce R, Mudford N. CFD results of ignition enhancement for scramjet combustion[C]. The 12th AIAA International Space Planes and Hypersonic Systems and Technologies, Reston, 2003: 6911.

[62] Kalitan D M, Rickard M, Hall J M, et al. Ignition measurements of ethylene-oxygen-diluent mixtures with and without silane addition[C]. The 42nd AIAA Aerospace Sciences Meeting and Exhibit, Reno, 2004: 1323.

[63] Kalitan D M, Hall J M, Petersen E L. Ignition and oxidation of ethylene-oxygen-diluent mixtures with and without silane[J]. Journal of Propulsion and Power, 2005, 21(6): 1045-1056.

[64] Hidding B, Pfitzner M, Simone D, et al. Review of the potential of silanes as rocket/scramjet fuels[J]. Acta Astronautica, 2008, 63(1-4): 379-388.

[65] Choudhury P R, Gerstein M. Feasibility of programmed ignition of metal compounds in a scramjet[J]. Acta Astronautica, 1995, 36(7): 379-386.

[66] Voland R T, Huebner L D, Mcclinton C R. X-43A hypersonic vehicle technology development[J]. Acta Astronautica, 2006, 59(1-5): 181-191.

[67] 席文雄, 王振国, 李庆, 等. 超燃冲压发动机凹腔内补氧的强化点火试验[J]. 推进技术, 2013, 34(4): 506-511.

[68] 孙明波. 超声速来流稳焰凹腔的流动及火焰稳定机制研究[D]. 长沙: 国防科技大学, 2008.

[69] 汪洪波. 超声速气流中凹腔稳定的射流燃烧模式及振荡机制研究[D]. 长沙: 国防科技大学, 2012.

[70] 吴锦水. 超声速气流中火焰传播过程的实验及数值模拟研究[D]. 长沙: 国防科技大学, 2016.

[71] Gruber M R, Donbar J M, Carter C D, et al. Mixing and combustion studies using cavity-based flameholders in a supersonic flow[J]. Journal of Propulsion and Power, 2004, 20(5): 769-778.

[72] Rasmussen C C, Driscoll J F, Carter C D, et al. Characteristics of cavity-stabilized flames in a supersonic flow[J]. Journal of Propulsion and Power, 2005, 21(4): 765-768.

[73] Liu C Y, Wang Z G, Wang H B, et al. Large eddy simulation of cavity-stabilized hydrogen combustion in a diverging supersonic combustor[J]. International Journal of Hydrogen Energy, 2017, 42(8): 28918-28931.

[74] Jeong E, O'Byrne S, Jeung I S, et al. Investigation of supersonic combustion with angled injection in a cavity-based combustor[J]. Journal of Propulsion and Power, 2008, 24(6): 1258-1268.

[75] Kim K M, Baek S W, Han C Y. Numerical study on supersonic combustion with cavity-based fuel injection[J]. International Journal of Heat and Mass Transfer, 2004, 47(2): 271-286.

[76] Sun M B, Wang Z G, Liang J H, et al. Flame characteristics in supersonic combustor with hydrogen injection upstream of cavity flameholder[J]. Journal of Propulsion and Power, 2008, 24(4): 688-696.

[77] Situ M, Wang C, Lu H, et al. Hot gas piloted energy for supersonic combustion of kerosene with dual-cavity[C]. The 39th Aerospace Sciences Meeting and Exhibit, Reno, 2001: 523.

[78] Situ M, Wang C, Zhuang F. Investigation of supersonic combustion of kerosene jets with hot gas piloted energy and dual-cavity[C]. The 40th AIAA Aerospace Sciences Meeting & Exhibit, Reno, 2002: 804.

[79] 潘余. 超燃冲压发动机多凹腔燃烧室燃烧与流动过程研究[D]. 长沙: 国防科技大学, 2007.

[80] Yang Y X, Wang Z G, Sun M B, et al. Numerical and experimental study on flame structure characteristics in a supersonic combustor with dual-cavity[J]. Acta Astronautica, 2015, 117: 376-389.

[81] Micka D J, Driscoll J F. Combustion characteristics of a dual-mode scramjet combustor with cavity flameholder[J]. Proceedings of the Combustion Institute, 2009, 32: 2397-2404.

[82] Le J L, Yang S H, Li H B. Analysis and correlation of flame stability limits in supersonic flow with cavity flameholder[C]. The 18th AIAA/3AF International Space Planes and Hypersonic Systems and Technologies Conference, Tours, 2012: 5948.

[83] Wang H B, Wang Z G, Sun M B, et al. Combustion modes of hydrogen jet combustion in a cavity-based supersonic combustor[J]. International Journal of Hydrogen Energy, 2013, 38(27): 12078-12089.

[84] Zhang Y X, Wang Z G, Sun M B, et al. Hydrogen jet combustion in a scramjet combustor with the rearwall-expansion cavity[J]. Acta Astronautica, 2018, 144: 181-192.

[85] 王振国, 杨揖心, 梁剑寒, 等. 超声速气流中稳焰凹腔吹熄极限分析与建模[J]. 中国科学: 技术科学, 2014, 44: 961-972.

[86] Rasmussen C C, Driscoll J F, Carter C D. Characteristics of cavity-stabilized flames in a supersonic flow[J]. Journal of Propulsion and Power, 2005, 21(4): 765-768.

[87] Rasmussen C C, Dhanuka S K, Driscoll J F. Visualization of flameholding mechanisms in a supersonic combustor using PLIF[J]. Proceedings of the Combustion Institute, 2007, 31:

2505-2512.

[88] Donohue J M. Dual-mode scramjet flameholding operability measurements[J]. Journal of Propulsion and Power, 2014, 30(3): 592-603.

[89] Lin K C, Tam C J, Jackson K. Study on the operability of cavity flameholders inside a scramjet combustor[C]. The 45th AIAA/ASME/SAE/ASEE Joint Propulsion Conference & Exhibit, Denver, 2009: 5028.

[90] Lin K C, Tam C J, Boxx I, et al. Flame characteristics and fuel entrainment inside a cavity flame holder of a scramjet combustor[C]. The 43rd AIAA/ASME/SAE/ASEE Joint Propulsion Conference & Exhibit, Cincinnati, 2007: 5381.

[91] Retaureau G, Menon S. Experimental studies on flame stability of a fueled cavity in a supersonic crossflow[C]. The 46th AIAA/ASME/SAE/ASEE Joint Propulsion Conference & Exhibit, Nashville, 2010: 6718.

[92] 王晶, 范学军, 李建国, 等. 航空煤油超声速稳定燃烧贫富油极限实验研究[C]. 第三届高超声速科技学术会议, 无锡, 2010.

[93] Choi J, Ghodke C, Menon S. Large-eddy simulation of cavity flame-holding in a Mach 2.5 cross flow[C]. The 48th AIAA Aerospace Sciences Meeting Including the New Horizons Forum and Aerospace Exposition, Orlando, 2010: 414.

[94] Ghodke C, Retaureau G, Choi J, et al. Numerical and experimental studies of flame stability in a cavity stabilized hydrocarbon-fueled scramjet[C]. The 17th AIAA International Space Planes and Hypersonic Systems and Technologies Conference, San Francisco, 2011: 2365.

[95] Driscoll J F, Rasmussen C C. Correlation and analysis of blowout limits of flames in high-speed airflows[J]. Journal of Propulsion and Power, 2005, 21(6): 1035-1044.

[96] Rasmussen C C, Driscoll J F. Blowout limits of flames in high-speed airflows: Critical Damkohler number[C]. The 44th AIAA/ASME/SAE/ASEE Joint Propulsion Conference & Exhibit, Hartford, 2008: 4571.

[97] Li J, Ma F, Yang V, et al. A comprehensive study of combustion oscillations in a hydrocarbon-fueled scramjet engine[C]. The 45th AIAA Aerospace Sciences Meeting and Exhibit, Reno, 2007: 836.

[98] Ma F, Li J, Yang V, et al. Thermoacoustic flow instability in a scramjet combustor[C]. The 41st AIAA/ASME/SAE/ASEE Joint Propulsion Conference & Exhibit, Tucson, 2005: 3824.

[99] Lin K C, Jackson K, Behdadnia R, et al. Acoustic characterization of an ethylene-fueled scramjet combustor with a cavity flameholder[J]. Journal of Propulsion and Power, 2010, 26(6): 1161-1169.

[100] Mathur T, Gruber M, Jackson K, et al. Supersonic combustion experiments with a cavity-based fuel injector[J]. Journal of Propulsion and Power, 2001, 17(6): 1305-1312.

[101] 李大鹏, 丁猛, 梁剑寒, 等. $Ma=4$ 液体碳氢燃料超燃冲压发动机点火试验[J]. 推进技术, 2009, 30(4): 566-569.

[102] Vinogradov V A, Shikhman Y M, Segal C. A review of fuel pre-injection in supersonic, chemically reacting flows[J]. Applied Mechanics Reviews, 2007, 60(1-6): 139-148.

[103] O'Byrne S, Stotz I, Neely A, et al. OH PLIF imaging of supersonic combustion using cavity

injection[C]. The AIAA/CIRA 13th International Space Planes and Hypersonics Systems and Technologies Conference, Capua, 2005: 3357.

[104] O'Byrne S, Doolan M, Olsen S, et al. Analysis of transient thermal choking processes in a model scramjet engine[J]. Journal of Propulsion and Power, 2000, 16(5): 808-814.

[105] Frost M A, Gangurde D Y, Paull A, et al. Boundary-layer separation due to combustion-induced pressure rise in a supersonic flow[J]. AIAA Journal, 2009, 47(4): 1050-1053.

[106] Laurence S J, Karl S, Schramm J M, et al. Transient fluid-combustion phenomena in a model scramjet[J]. Journal of Fluid Mechanics, 2013, 722: 85-120.

[107] Laurence S J, Lieber D, Schramm J M, et al. Incipient thermal choking and stable shock-train formation in the heat-release region of a scramjet combustor. Part I: Shock-tunnel experiments[J]. Combustion and Flame, 2015, 162(4): 921-931.

[108] Karl S, Laurence S, Martinez Schramm J, et al. CFD analysis of unsteady combustion phenomena in the hyshot-II scramjet configuration[C]. The 18th AIAA/3AF International Space Planes and Hypersonic Systems and Technologies Conference, Tours, 2012: 5912.

[109] Laurence S, Ozawa H, Lieber D, et al. Investigation of unsteady/quasi-steady scramjet behavior using high-speed visualization techniques[C]. The 18th AIAA/3AF International Space Planes and Hypersonic Systems and Technologies Conference, Tours, 2012: 5913.

[110] Fotia M L, Driscoll J F. Ram-scram transition and flame/shock-train interactions in a model scramjet experiment[J]. Journal of Propulsion and Power, 2013, 29(1): 261-273.

[111] Aguilera C, Yu K H. Scramjetto ramjet transition in a dual-mode combustor with fin-guided injection[J]. Proceedings of the Combustion Institute, 2017, 36(2): 2911-2918.

[112] Micka D, Driscoll J. Reaction zone imaging in a dual-mode scramjet combustor using CH-PLIF[C]. The 44th AIAA/ASME/SAE/ASEE Joint Propulsion Conference & Exhibit, Hartford, 2008: 5071.

[113] Micka D J. Combustion Stabilization, Structure, and Spreading in a Laboratory Dual-Mode Scramjet Combustor[D]. Ann Arbor: University of Michigan, 2010.

[114] Micka D, Driscoll J. Dual-mode combustion of a jet in cross-flow with cavity flameholder[C]. The 46th AIAA Aerospace Sciences Meeting and Exhibit, Reno, 2008: 1062.

[115] Micka D, Torrez S, Driscoll J. Heat release distribution in a dual-mode scramjet combustor-measurements and modeling[C]. The 16th AIAA/DLR/DGLR International Space Planes and Hypersonic Systems and Technologies Conference, 2009: 7362.

[116] Wang H B, Wang Z G, Sun M B, et al. Large-eddy/reynolds-averaged Navier-Stokes simulation of combustion oscillations in a cavity-based supersonic combustor[J]. International Journal of Hydrogen Energy, 2013, 38(14): 5918-5927.

[117] Mitani T, Kouchi T. Flame structures and combustion efficiency computed for a Mach 6 scramjet engine[J]. Combustion and Flame, 2005, 142(3): 187-196.

[118] Nordin-Bates K, Fureby C. Understanding scramjet combustion using LES of the HyShot II combustor: Stable combustion and incipient thermal choking[C]. The 51st AIAA/SAE/ASEE Joint Propulsion Conference, Orlando, 2015: 3838.

[119] 孙英英. 碳氢燃料超燃火焰传播与性能的实验研究[D]. 合肥：中国科学技术大学, 2000.

[120] Noh J, Choi J Y, Byun J R, et al. Numerical simulation of auto-ignition of ethylene in a scramjet combustor with air throttling[C]. The 46th AIAA/ASME/SAE/ASEE Joint Propulsion Conference & Exhibit, Nashville, 2010: 7036.

[121] Choi J, Noh J, Byun J R, et al. Numerical investigation of combustion/shock-train interactions in a dual-mode scramjet engine[C]. The 17th AIAA International Space Planes and Hypersonic Systems and Technologies Conference, San Francisco, 2011: 2395.

[122] Sunami T, Itoh K, Satoh K, et al. Mach 8 ground tests of the hypermixer scramjet for HyShot-IV flight experiment[C]. The 14th AIAA/AHI Space Planes and Hypersonic Systems and Technologies Conference, Canberra, 2006: 8062.

[123] Sunami T, Kodera M. Numerical investigation of a detonation wave system in a scramjet combustor[C]. The 18th AIAA/3AF International Space Planes and Hypersonic Systems and Technologies Conference, Tours, 2012: 5861.

[124] Wang Z G, Sun M B, Wang H B, et al. Mixing-related low frequency oscillation of combustion in an ethylene-fueled supersonic combustor[J]. Proceedings of the Combustion Institute, 2015, 35: 2137-2144.

[125] 李大鹏. 煤油双模态冲压发动机燃烧室工作过程研究[D]. 长沙: 国防科技大学, 2006.

[126] Sun M B, Cui X D, Wang H B, et al. Flame flashback in a supersonic combustor fueled by ethylene with cavity flameholder[J]. Journal of Propulsion and Power, 2015, 31(3): 976-980.

[127] 龚诚. 超声速气流中点火、火焰传播实验与数值模拟研究[D]. 长沙: 国防科技大学, 2011.

第 2 章　凹腔中的流动模式分析

对于实际应用的超燃冲压发动机，当工作于较大当量比的加速状态时，在燃烧室中建立热力喉部是实现在燃烧室内高效燃烧并提高发动机推力比冲的一个重要前提条件。由大量实验数据中给出的燃烧室内沿程壁面压力分布规律可知，凹腔后缘唇口位置往往对应着燃烧过程中热力喉部的位置，凹腔后壁顶端处的流道尺寸也就直接对应着不同的热力喉部大小。另外，凹腔后壁面的几何尺寸也直接影响凹腔内的流场结构、阻力及压力损失特性。因此，探究凹腔后壁几何尺寸(喉部大小)及其对凹腔中的流动模式的影响机制具有重要的研究意义。

常规凹腔中的流动模式，尤其是凹腔深度和长深比等参数变化对流场结构的影响，已经得到了大量的研究。但如第 1 章所述，在经典凹腔中的流动理论中，关于凹腔几何长深比的定义及其相关结论已不再适用于一些非常规构型凹腔，如后缘突扩凹腔。因为当凹腔的后缘高度降低后，回流区与剪切层的空间结构也将随之变化，这又将直接影响凹腔中的质量输运过程。为深入研究该问题，本章以后缘突扩凹腔为例，以数值模拟为主要手段，在无反应冷态条件下，研究凹腔内超声速气流的流场结构，并在此基础上建立能够描述凹腔剪切层空间增长特性的数学模型。

2.1　二维流动特性

本节在无反应、无喷注的冷态流动条件下开展凹腔中的二维流动特性研究。对于矩形截面燃烧室，若不考虑燃烧室内燃料的喷注混合/燃烧及侧壁效应，流经凹腔的整体流动及凹腔内部的流动特征结构,如激波-膨胀波系结构、凹腔剪切层、凹腔回流区等均会呈现很强的二维特性，这使得本节所采用的二维数值模拟方法能够较为合理地揭示气流流动特性。

2.1.1　二维流动算例设置

为便于认识凹腔后缘突扩效应对气流二维流动特性带来的影响，本节针对具有不同后缘突扩程度的凹腔开展较为精细的二维大涡模拟计算。对五种不同构型凹腔以后缘高度命名并加以区分，分别为常规凹腔 H12，三种后缘突扩凹腔 H09、H06 及 H03，不带后缘的后向台阶型稳焰器 H00(后文简称后向台阶 H00)，如图 2.1 所示。五种不同的凹腔构型对应五种不同的突扩率，即 0%、25%、50%、75% 与 100%，这对应着从非突扩的常规凹腔到突扩的极限情形——后向台阶。本节通过对比研究这些凹腔构型对应的二维冷态流场，以期获得能够普适描述后缘突扩凹腔中的流场特性的流动模式与理论模型。

为保持本节研究的一致性，除后缘高度外，凹腔前缘深度 D、凹腔底壁长度、凹腔后缘倾角 A(该倾角定义不包含后向台阶型稳焰器 H00)均保持不变。图 2.1 同时展示了计算区域的几何尺寸，入口高度设置为 40mm，流向总长度为 200mm。值得注意的是，由于本节二维数值模拟研究的重点为不同凹腔后缘高度(或后缘突扩率)对气流流动特性及特征流场结构带来的影响，且受限于计算区域总长度，故并未在凹腔下游设置下壁面的扩张角，这使得不同算例出口的高度不同。但在冷态流动条件下，流道的扩张率所引起的下游背压的差异不会显著反馈到凹腔附近的流场结构上，另外，这样的几何简化保留了后缘高度这一单因子变量，使本节数值模拟结果更具普适性。

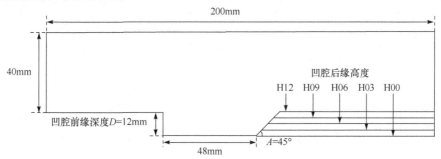

图 2.1　二维流动算例中的凹腔几何构型

图 2.2 给出了算例的网格分布与边界条件。凹腔 H03、H06、H09、H12 的网格由 28 个分区构成，而后向台阶 H00 的网格由 30 个分区构成，每个分区网格数为 101×101。其中，燃烧室壁面、凹腔剪切层及凹腔内部区域为本次算例网格的核心加密区域，该区域的网格密度被额外加密，以满足大涡模拟的网格尺度要求。其中流向 $\Delta x^+ \approx 10 \sim 30$，而壁面法向 $\Delta y^+ \approx 1 \sim 15$。

凹腔内壁(前缘壁面、底壁与后缘壁面)与上下游的流道底壁，均设置为速度无滑移固壁边界条件。上边界与下游出口边界设置为出口外推边界条件，即在数值模拟时虚拟网格上的物理量由边界的流场内侧网格点外推插值得到。

本书中，数值计算来流条件的选取参考相应的实验研究，实验研究都是基于国防科技大学空天科学学院高超声速冲压发动机技术重点实验室 1kg/s 直连式实验台开展的。该直连式实验台系统由四个主要部分组成，即一个空气加热器、一个隔离段、一个模型超燃冲压发动机燃烧室和一个尾喷管。整个实验台系统安装固定在平台上。该实验台采用三组元(空气/氧气/酒精)燃烧的加热方式，可以持续产生 1kg/s 的空气来流，燃烧室入口的来流参数如表 2.1 所示。

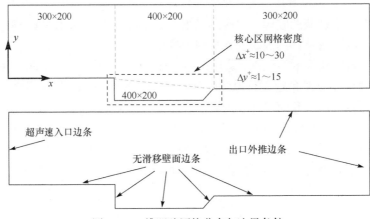

图 2.2　二维凹腔网格分布与边界条件

表 2.1　燃烧室入口来流参数

加热器燃烧室		喷管出口			
总温	1590K	马赫数 Ma	2.92		
总压	2.6MPa	静温	724K		
空气流量	760g/s	静压	73.2kPa		
氧气流量	180g/s	组分质量分数	Y_{O_2}	Y_{H_2O}	Y_{CO_2}	Y_{N_2}
酒精流量	60g/s		23.38%	7.13%	11.67%	57.82%

需要说明的是，该入口条件没有给出湍流边界层以避免上游脉动的影响，从而保证不同算例中到达凹腔前缘处的来流物理参数剖面基本相同。2.1 节与 2.2 节中的数值模拟结果均采用无量纲化物理量表示。用于无量纲化计算的参考物理量及其取值在表 2.2 中给出。

表 2.2　用于无量纲化计算的参考物理量

参考量	符号	取值
参考长度	L_{ref}	0.012m
参考速度	U_{ref}	1561.2m/s
参考温度	T_{ref}	724.0K
参考密度	ρ_{ref}	0.351kg/m³
参考压力	p_{ref}	855.06kPa

计算中采用前述混合 LES/RANS 方法模化湍流黏性，时间推进采用具有 TVD 性质的显式三阶 Runge-Kutta，空间格式为七阶非线性过滤器格式。在数值流场达到准稳态后，统计 10 个通流结果得到时均流场，再结合典型瞬态结果加以分析。

2.1.2 瞬态流场结构与分析

本节将展示不同凹腔中的典型瞬态流场结构并加以分析。图 2.3 给出了 H00、H03、H06、H09、H12 五种构型凹腔中的瞬时无量纲速度与无量纲压力的云图。在此做出说明，包括后文在内，若无特别说明，来流方向均为从左至右，图中不再另外标注。

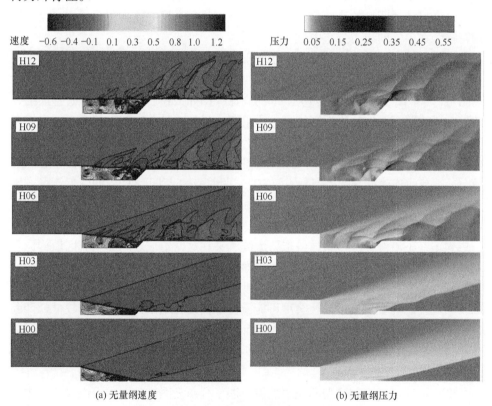

(a) 无量纲速度   (b) 无量纲压力

图 2.3 不同构型凹腔中的典型瞬态流场结构

首先关注速度场分布，从图 2.3(a)可以看出，剪切层将整个流动分为两个显著部分，即剪切层下的低速回流区与剪切层上的高速主流区。随着凹腔后缘高度的降低，该低速区显著地被主流压缩。低速区内会产生局部高速回流，速度甚至能达到入口来流速度(即参考速度 U_{ref})的 60%。正是由于凹腔或后向台阶能够稳定地维持这样一个低速回流区，才使得其能够较好地为喷注的燃料提供足够多的滞留时间，从而实现与来流空气的充分混合，进而实现火焰稳定。不难推断，随着后缘高度降低，凹腔低速回流区的面积缩小，其驻留喷注物的能力亦会降低。尽管随着后缘高度降低，剪切层快速下沉，但从凹腔 H03 中的速度云图可以看出，剪切层仍旧能够跨越凹腔唇口(前后缘顶点的连线)触及凹腔后缘，不会在途中附着于凹腔底壁。故在当前条件下，后缘突扩凹腔仍旧是开式凹腔。另外，从速度等值线的分布来看，能够观察到两个明显特征：一是在凹腔 H12、凹腔 H09 与凹腔 H06 中，显著的速度脉动会沿着剪切层生成，继而发展至下游区域，而这些脉动在具有更强突扩效应的凹腔 H03 或后向台阶 H00 中不甚明显；二是在具有显著突扩程度的凹腔 H06、凹腔 H03 及后向台阶 H00 的流场结构中，在凹腔前缘点附近会延伸出一道明显的速度分界线，可以推测这是汇聚的膨胀波系。这一流场结构特征会在下文的压力分布中进一步分析。

图 2.3(b)显示了瞬态无量纲压力的分布。不难发现，对于常规凹腔或后缘突扩凹腔，压力的峰值会出现在凹腔后缘与下游壁面的转角部位，即剪切层的再附点附近。显然，这是由于剪切层上部的高速流动撞击在后缘壁面或下游壁面上，该处的压力甚至可能比附近区域高一个量级。另外，随着突扩率的增大、后缘高度的降低，该处的高压效应将显著削弱。从图中能观察到，凹腔 H03 相较于后向台阶 H00 已没有明显的高压出现在后缘附近。定量的沿程壁面压力分布将在 2.1.3 节分析。与前述速度脉动类似，凹腔 H12、凹腔 H09 与凹腔 H06 的附近流场产生了显著的压力振荡，并波及下游区域。而具有最大突扩率的凹腔 H03 与后向台阶 H00 几乎没有显现出压力的波动，取而代之的是前缘附近的一道膨胀波与凹腔剪切层撞击在下游壁面上产生的一道斜激波，夹在这两道波之间的主流区域构成了流场低压区。同时可以推断，这些压力振荡正是来源于凹腔前后缘之间形成的声学反馈，且振荡强度会显著依赖后缘高度。通常情况下，这些声学振荡是不可控的，因此在燃烧室设计中往往会尽可能避免。而计算结果揭示了一个较低的凹腔后缘能有效阻碍凹腔内形成较强的声学反馈系统，降低振荡强度。关于凹腔流动振荡特性，已有诸多研究对此进行了分析，由于声学效应并非本节研究要点，在此不再赘述。

图 2.4 显示了不同构型凹腔中的瞬态涡量分布云图。从图中可以看出，主要的漩涡区域集中于剪切层及剪切层下方低速回流区，主流区及凹腔下游涡量比较微弱。沿着剪切层是一个强涡量区域，这是由于剪切层上存在强剪切作用，归因于 Kelvin-Helmholtz 不稳定性，小的涡核会被上方高速来流沿着回流区顶部搓起。而回流区由几个显著的大结构漩涡构成,这些回流区漩涡将在 2.1.3 节的时均结果中进一步分析。

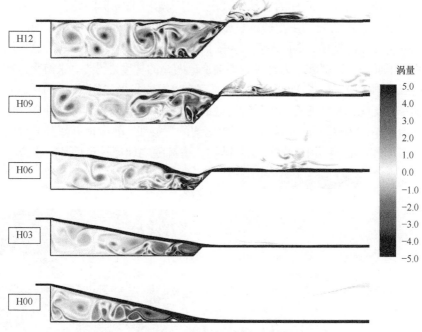

图 2.4　不同构型凹腔中的瞬态涡量分布云图

对比不同构型凹腔,在较低突扩率的凹腔 H12 与凹腔 H09 的后缘顶点附近可以看到正负涡量的密集交叠区,而在凹腔 H06、凹腔 H03、后向台阶 H00 内的流动则平顺得多。这一差异对应于不同构型凹腔下的上方主流撞击在后缘上强度的不同,较强的撞击会撕裂出许多小的流体涡团,而大突扩率条件下的较弱撞击会使主流顺滑地掠过后缘顶点(或后向台阶 H00 的底壁)。但不同凹腔下的涡量分布有一个显著的共同特征,即在凹腔剪切层末端的下方,会形成一个较大的负涡量区域(涡方向为纸面法向向下),这与流体沿着剪切层到达末端后向下分离的那一部分回流方向是一致的。

2.1.3　时均流场结构与流动特性

时均流场结果统计于流场达到准稳态过程后的 10 个通流时间内,用于揭示不同构型凹腔下的无喷注流冷态场结构与流动特性。

图 2.5 展示了不同构型凹腔中的时均流场数值纹影与凹腔附近流场的流线分布。数值纹影图像基于竖直 y 方向的密度梯度,这主要是考虑沿 y 方向凹腔剪切层附近有较强的流场物理量梯度,便于更加清晰地展示流场波系结构。首先,在波系结构上,常规非突扩凹腔 H12 与突扩凹腔或后向台阶构型有一个显著的差异,即在凹腔前缘顶点附近产生了一道压缩波(激波),而其余构型凹腔时在此处均为膨胀波,并随着后缘高度降低逐渐增强。这一结果与前述瞬态流场结果图 2.3 中

的速度场与压力分布是匹配的，具体来说，对于常规非突扩凹腔，在主流到达凹腔前缘附近时，不会受到主流道的扩张，反倒会由于剪切层的滞缓作用，在该位置受到一定程度的挤压，从而沿着凹腔前缘壁面顶点产生一道压缩波，这一压缩波的作用并不显著，速度和压力经过后不会形成明显的梯度。另外，上游来流在流经具有后缘突扩效应的凹腔 H09 至后向台阶 H00 构型时，经过前缘壁面顶点则会被一道膨胀波支配，并且随着凹腔后缘高度的降低，剪切层下沉，甚至能在凹腔 H03 和后向台阶 H00 中看到膨胀波与剪切层之间的滑移线。前缘顶点膨胀波也构成了后缘突扩凹腔冷态流动中的特征波系结构，主流随之加速掠过剪切层上方。

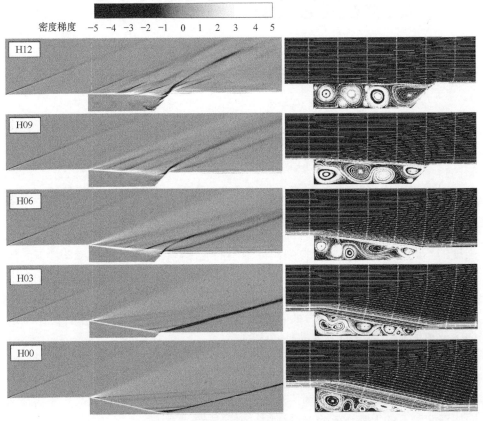

图 2.5　不同构型凹腔中的时均流场数值纹影 dp/dy 与流线分布

　　沿着凹腔剪切层分布着零散的压缩-膨胀波系，它们间隔地附着在剪切层上沿，并一直持续到凹腔后缘附近。如果进一步关注它们的强度，不难发现，常规非突扩凹腔 H12 中呈现出最强的剪切层上沿散布波系，可以推断，正是由于剪切层中的强剪切作用，小的涡团会不断从中产生，剪切层上游的来流撞击在这些涡团上产生压缩波，而倘若部分流体顺着涡旋转方向卷吸入剪切层，流体感受到局部的微小扩张，则可能产生膨胀波。这些散布波系会随着凹腔突扩效应的增强逐渐减弱，但并不会在后向台阶 H00 中完全消失。随着剪切层上面的主流到达后缘，一部分高速流体会直接撞击在后缘上，从而产生如凹腔 H12 中的强激波系。从图 2.5 中可以看出，凹腔 H12 的后缘壁面上产生了十分复杂的波系交错，但这些波系中占有绝对主导地位的是后缘顶点附近延伸出来的强激波。相比凹腔 H12，后缘突扩凹腔 H09、H06、H03 则要缓解得多，整体呈现出主流在此处的汇聚压缩并伴随压缩波系的流动结构。本书将在后文定量分析后缘壁面上的压力特征。至于后向台阶 H00 构型，由于不存在凹腔后缘，扩张流道会直接倾斜撞击在下游底壁上，从而产生一道激波，可以推断，该激波强度取决于主流在完全跨过回流区后的速度沿着壁面法向分量的大小与主流的质量流率，撞击冲量越大,激波强度越大。

　　图 2.5 中的凹腔附近流场流线分布直观展示了回流区流动结构。在当前凹腔长深比与来流条件下，可以看到，常规非突扩凹腔 H12 的回流区中存在四个较稳定的大涡，它们较为均衡地排布在回流区内，分别占据着从凹腔前壁至凹腔后壁的回流区空间。在这些大涡之间的毗邻区，一些小的漩涡也会稳定存在。这些特征在凹腔 H09 中仍旧得以保留。但是，随着后缘突扩效应的不断增大，后缘高度的不断降低，数值时均流场结果展示出了符合预期的流场结构，即回流区最接近后缘壁面处的那个漩涡被剪切层压缩至壁面，整体变得扁平，并在此过程中拉伸、分裂、合并，如此形成了后缘附近剪切层之下这部分回流区内大而扭曲、小而散布的场景。无论是常规非突扩凹腔还是后向台阶构型，前缘壁面后始终由一个或两个大涡占据。正如同图 2.4 中瞬态涡量所揭示的那样，不论凹腔后缘降低到何种高度，后缘附近的回流方向依旧是由主流剪切层卷吸至凹腔内部。值得注意的是，凹腔中的这些涡团方向各异，与剪切层接触的部位存在输出与输入两种状态，换句话说，主流或可能的上游喷注射流沿着剪切层流经凹腔时并不总是被卷吸进入凹腔内，也会由于这些大涡的搅拌将原本在凹腔内的流体重新带入剪切层中，这些凹腔内外流体在剪切层的上下进出则构成了凹腔的质量交换。本书将会在后文中详细讨论凹腔质量交换作用。

　　图 2.6 给出了五种不同构型凹腔中从凹腔前壁下端点经凹腔底壁、凹腔后缘壁面、凹腔下游壁面直至计算域出口的时均沿程壁面压力分布。为便于分析，将压力分布划分为三个区域，即凹腔底壁区、凹腔后缘区(后向台阶则为底壁再附区)与下游壁面区。

　　首先关注凹腔底壁区，整体而言，后缘之前的整个底壁压力分布是较为均匀的，尤其在后向台阶 H00 中，时均无量纲压力几乎稳定维持在 0.03 左右，而随着后缘高度的增加，这一区域的压力曲线沿流向产生了一定脉动，这应该归因于前述回流区内部的漩涡流动，同时可以推测出，后缘突扩效应会减弱回流区内涡旋转对壁面压力的影响。另外，从压力大小来看，后向台阶 H00 在回流区底壁压力最低, 而常规非突扩构型凹腔 H12 内压力最高(无量纲压力在 0.08 附近), 并且压力会随着后缘高度的增加而整体增大。更为显著的差异出现在凹腔后缘区, 壁面压力在跨越凹腔后缘拐点前后陡然上升并迅速下降。壁面压力的峰值会随着后缘台阶高度增加而急剧上升, 在非突扩构型凹腔 H12 中峰值甚至高达 0.38, 这一峰值在凹腔 H09、凹腔 H06 与凹腔 H03 中分别为 0.32、0.23 与 0.09, 而在后向台阶的底壁再附区中, 尽管压力会沿着流向发生一定程度的抬升, 但这个抬升十分缓和, 以至于并不存在压力峰值。这个区域的压力分布还揭示了两个特征: 一是壁面压力总是会在后缘壁面接近拐点的位置达到峰值, 这个特征可以从对五种凹腔构型的压力曲线的整体移动趋势的观察中得出; 二是壁面压力峰值的幅值大小在后缘高度从 3mm(凹腔 H03 构型)升至 6mm(凹腔 H06 构型)时经历了一个剧烈攀升, 使压力分布曲线突然隆起, 这两个几何尺寸的如此变化暗示它们中间必定存在流动机理的决定性差异。

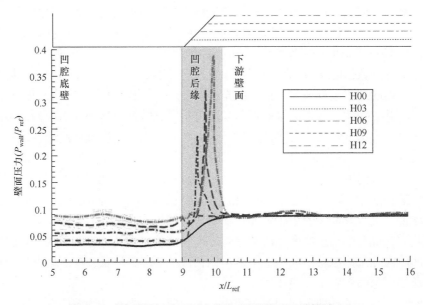

图 2.6　时均无量纲壁面压力分布(凹腔前壁至计算域出口)

对于一个应用于实际的超燃冲压发动机, 除去前体波阻和外流摩阻, 整个燃烧室也将带来不可忽视的阻力。而具体到燃烧室内的凹腔稳焰器, 主要的流动型阻来源于凹腔后缘壁面。实用凹腔稳焰器中的后缘壁面之所以设置为倾斜角度而非垂直壁面则主要考虑了内流道中垂直后缘壁面带来的显著压阻。

关于后缘倾角对凹腔内流动阻力的研究广泛见于已有研究中, 本节将在一个超声速来流条件下考察凹腔后缘突扩效应对凹腔后缘壁面压力的影响。图 2.7 对比了不同构型凹腔中壁面无量纲压力沿后缘壁面的积分值沿着流向的分量，这一分量逆向整个发动机飞行方向造成拖拽作用，形成壁面压阻。其中后向台阶 H00 由于没有后缘斜坡，故将其压阻设定为 0。如图 2.7 所示，压阻的大小并非随着凹腔后缘高度增加而线性增大，而是以一个非线性加速增大的趋势不断提升。具体来说，常规非突扩凹腔 H12 的后缘壁面无量纲压阻高达约 0.15，约是凹腔 H06(无量纲压阻约 0.04)的 4 倍，而凹腔 H09 的后缘壁面无量纲压阻还不及 0.09。这充分展示出后缘突扩效应对于凹腔的流动是一个强非线性特征，可以推测，在常规非突扩凹腔向后向台阶构型过渡的过程中，那些常规凹腔构型所拥有的优于后向台阶构型的各项性能指标会随着后缘高度降低而呈现非线性加速下降，反过来说，那些后向台阶所具备的而常规非突扩凹腔所不足的优秀性能(如这里的壁面压阻)会随着后缘高度的增加非线性地快速丧失。值得注意的是，图 2.6 中所示的在凹腔后缘附近所揭示的凹腔 H03、凹腔 H06 的壁面压力剧变，在图 2.7 所示的积分值上也有所体现。

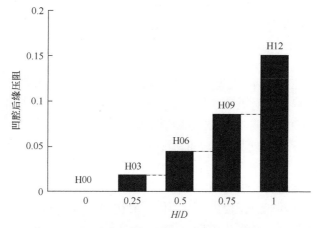

图 2.7　由后缘引起的壁面无量纲压阻

另一个人们较为关注的火焰稳定器性能，则是其带来的总压损失效应。通过统计多个流向位置的时均流场结果，对比了不同构型凹腔下沿程总压恢复系数，如图 2.8 所示。若无特别说明，燃烧室内的沿程总压恢复系数 η_{tpr} 的计算均依据如下公式：

$$\eta_{\mathrm{tpr}}(x) = \frac{\int\limits_{x} P_{\mathrm{t}}\rho u \mathrm{d}A}{\int\limits_{x=0} P_{\mathrm{t}}\rho u \mathrm{d}A} \tag{2.1}$$

其中，$x=0$ 为流道入口位置；ρ 为当地密度；u 为当地流向速度；$\mathrm{d}A$ 为微元面

积，在二维计算中即 dy；P_t 为当地总压，在计算中可由当地马赫数 Ma 与静压 P 计算得到，即有

$$P_t = P \times \left(1 + \frac{\gamma-1}{2}Ma^2\right)^{\frac{\gamma-1}{\gamma}} \tag{2.2}$$

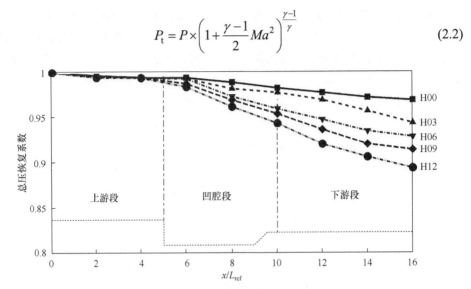

图 2.8　时均流场沿程总压恢复系数

　　总压损失往往用作评估燃烧室性能的重要参数，它在很大程度上影响燃烧室所能产生的有效推力。对无喷注的冷态流动而言，内流道的总压损失主要来源于主流流经燃烧室中的激波-压缩波波系与燃烧室内壁面上的摩擦损失。如图 2.8 所示，显然地，常规非突扩凹腔 H12 的沿程总压损失最大，在计算域出口附近损失已达到近 10%。而来流历经后向台阶 H00 的整个计算域总压恢复系数仍旧保持在 0.97 以上。但整体趋势较之前面的压阻与壁面压力的对比要缓和得多，凹腔上游段仅会造成十分微弱的总压损失，且不同凹腔构型之间并无差异。到了凹腔段，不同构型间的压损开始展现出差别，在 $x/L_{ref} = 6 \sim 8$ 这一段流向位置附近，沿程总压损失的速率基本与凹腔后缘高度成线性正比。而在凹腔后缘附近，从凹腔 H03 至凹腔 H06 间的构型变化带来的流动特性非线性变化在此处亦有显现。不过这一效应在下游段的出口处并不明显，下游段的总压损失整体呈现出与凹腔后缘高度有近似线性关系。

　　本节开展了在由常规非突扩凹腔至后向台阶构型过渡的情况下无喷注冷态流场结构与流动特性的数值模拟计算，通过分析瞬态和时均数值流场探讨了后缘突扩效应对凹腔冷态流动特性的影响。计算结果显示，凹腔后缘突扩效应会显著地影响凹腔附近波系结构、速度场分布、回流区涡结构和压力损失特性。这个效应随着凹腔后缘高低变化呈现非线性趋势。

2.2 流动模式与剪切层增长模型

本节基于 2.1 节中的数值计算结果分析后缘突扩凹腔中的流动模式,以期获得一个能够较为普适地描述后缘突扩凹腔构型下超声速流场的结构特征,为后续理解凹腔稳焰器中的冷态流动特性对喷注混合乃至点火、稳焰过程的影响做一个较为直观的理论铺垫。本节将基于数值计算结果,优化和拟合描述凹腔剪切层几何结构的数学模型。

2.2.1 冷态流动模式

对于常规凹腔,人们根据来流跨凹腔的流场结构,尤其是凹腔剪切层的特性将其划分为闭式凹腔与开式凹腔。如图 2.9 所示,闭式凹腔中剪切层无法横跨整个凹腔唇口,只能再附于腔底壁上,主流随之下沉进入凹腔中;开式凹腔的剪切层能够覆盖整个凹腔唇口,这意味着开式凹腔的阻力和总压损失会减少许多,但燃料的卷吸量较闭式凹腔大幅减少。

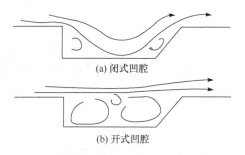

(a) 闭式凹腔

(b) 开式凹腔

图 2.9 闭式凹腔与开式凹腔流场示意图

然而,这些常规的开闭判定准则与几何长深比的定义在后缘突扩凹腔上不再适用。甚至严格来说,用一个具体的长深比来定义后缘突扩凹腔是不合理的,因为后缘的降低,整个凹腔回流区的分布厚度沿着流向有显著减小。在较低的后缘高度时,剪切层有可能会在到达凹腔后缘顶点之前就已经再附于后缘壁面或凹腔底壁。尽管如此,可以肯定的是,为了能够实际应用于超声速来流中,无论是否存在后缘突扩,凹腔剪切层都应当稳定地跨越凹腔唇口,以避免扩张的主流直接撞击在凹腔后缘壁面上。从 2.1 节的数值结果中可以看出,在当前凹腔构型中(凹腔前缘深度 D=12mm,凹腔底壁长度 L=48mm,后缘倾角 45°),除去后向台阶 H00,其余后缘突扩凹腔均能实现剪切层跨越凹腔唇口抵达凹腔后缘顶点附近的转角处,而不致再附于凹腔底壁。从这个意义上来说,本节所研究的常规非突扩凹腔 H12 与三种后缘突扩凹腔 H09、H06、H03 均可以被认为是开式凹腔。进一步考察剪切层内外的物理量分布, 图 2.10 显示了不同构型凹腔中准稳态时均流场的无量纲密度与无量纲温度云图。

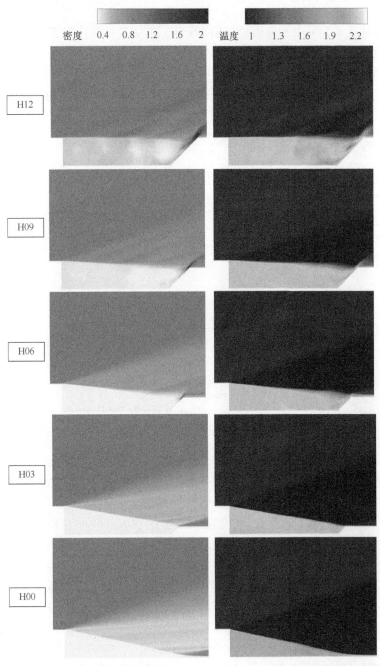

图 2.10　不同构型凹腔中准稳态时均流场的无量纲密度与无量纲温度云图

首先可以看到，剪切层下的凹腔回流区比剪切层上的主流区具有较低密度与较高温度，这是由于剪切层内外的质量交换率决定了回流区内所能稳定维持的质量，换句话说，尽管主流始终流经剪切层，但由主流穿透剪切层到达回流区内的那部分物质质量会与由回流区输运出去的那部分质量实现动态平衡，而最终维持的那部分质量所决定的回流区密度是低于主流密度的。至于温度的升高是易于理解的，它可以归因于流动的滞止作用，低速区对应着较高的温度。从图 2.5 中也可观测到，由于前述激波带来的流场物理量的差异，在后缘突扩凹腔及后向台阶构型中，由前缘顶点附近发出的膨胀波使主流在经过凹腔上方区域时密度与温度均降低，如同图 2.3 所揭示的，速度会增大，压力会减小。而正因为后缘突扩效应，流经剪切层上方的主流密度、温度随后缘高度降低而减小，这就使得回流区内的密度与温度会随着后缘高度降低而进一步减小。本节将在后面给出剪切层上下物理量的数值对比以进行定量分析。另外，可以看到，在常规非突扩凹腔 H12 的后缘顶点附近出现了远高于主流的密度与温度，而随着凹腔后缘高度的降低，这些高压缩区域会显著削弱。

通过上面的分析，可以大致将本节所研究的后缘突扩凹腔 H09、H06、H03 中冷态流场结构分为如图 2.11 所示的几个分区。首先在冷态条件下，上游来流在到达凹腔前缘顶点前几乎不会受到凹腔干扰而保持来流状态的流动参数，一旦经过前缘顶点附近的膨胀波，主流开始扩张，速度加快，密度减小，温度降低。到达后缘收缩(撞击)区，剪切层附带主流在此处形成一个高压高温高密度区域。剪切层下方的凹腔回流区内则比主流扩张区内的密度更低，温度更高。穿过后缘收缩区，主流进入下游流动区，流动可能会由于凹腔下游的燃烧室流道存在扩张角而继续膨胀。在本章算例中，由于凹腔下游流动区保持等直截面，故主流停止扩张，那些在主流扩张区降低的流动物理量，如温度、压力、密度会稍有回升。对于常规非突扩凹腔 H12，由于主流流经凹腔并未经历显著的扩张，前缘顶点附近也没有特征膨胀波，故不存在主流扩张区，下面用剪切层上方主流区来定义。而对于后向台阶 H00，不存在凹腔后缘收缩区，但剪切层再附后的下游流动区依旧存在，定义其回流区为台阶回流区。

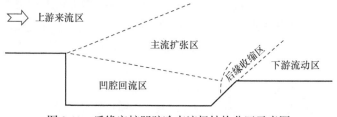

图 2.11　后缘突扩凹腔冷态流场结构分区示意图

为了定量地研究剪切层上下方的流动特性，本节针对不同构型对比了图 2.11 中主流扩张区(凹腔 H12 中为剪切层上方主流区)及凹腔回流区(后向台阶 H00 中为台阶回流区)内的各流动物理量。采用对关心区域内的各物理量参数进行质量加权平均得到该区域内的该物理量平均值：

$$\overline{\varphi} = \int_{Vc} \rho\varphi \cdot dV \Big/ \int_{Vc} \rho \cdot dV \tag{2.3}$$

其中，Vc 为统计区域；ρ 为当地密度；φ 为当地流动物理量；dV 为微元体积，在二维算例中即微元面积。需要说明的是，并非整个主流扩张区与凹腔回流区均为统计区域，而是选取了时均物理量分布较为均匀且更接近剪切层的部分区域。表 2.3 给出了五种构型下时均流场对应于上述分区的密度、静压与温度。来流参数也在表 2.3 中列出。

表 2.3　主流扩张区与凹腔回流区内质量加权平均物理量

凹腔	流场分区	密度/(kg/m³)	静压/kPa	温度/K
所有	上游来流区	0.351	73.2	724.0
H12	剪切层上方	0.337	74.4	745.7
	凹腔回流区	0.172	68.4	1433.5
H09	主流扩张区	0.291	59.0	687.8
	凹腔回流区	0.133	55.6	1411.8
H06	主流扩张区	0.246	46.2	629.9
	凹腔回流区	0.102	45.3	1382.8
H03	主流扩张区	0.200	34.2	568.4
	凹腔回流区	0.082	33.3	1339.4
H00	主流扩张区	0.168	28.2	550.2
	台阶回流区	0.073	25.7	1180.1

从表 2.3 中可以看出，无论是主流区还是回流区，凹腔的后缘突扩效应都会降低流体的密度、静压与温度，后缘高度越低，这些物理量的值越小，这与前述分析是一致的，即流道几何扩张程度的不同会影响剪切层上方主流区的超声速气流的膨胀程度，从而进一步影响回流区内的物理量大小。对稳定火焰至关重要的回流区而言，该区域内的密度和压力会受到后缘突扩率的强烈影响，密度从凹腔 H12 中的 0.172kg/m³ 降低至后向台阶 H00 台阶回流区中的 0.073kg/m³，而静压从凹腔 H12 中的 68.4kPa 降低至后向台阶 H00 台阶回流区中的 25.7kPa，降幅约达 62%。但温度似乎不及它们对后缘突扩率的敏感程度，从凹腔 H12 中的 1433.5K

减至后向台阶 H00 台阶回流区中 1180.1K，降幅约达 18%。由于二维算例采用了高焓来流条件，故可以发现凹腔中温度较高，但表中数据也透露出一个重要信息，对于实际应用，凹腔中的点火通常在回流区内实现，这时初始火核环境温度会在很大程度上影响火核传播，尽管后缘突扩效应会使得回流区内保有的流体质量降低，但不致大幅降低流体温度，这对于点火过程而言是一个有利的条件。另外，后缘突扩效应对流体物理量的影响在剪切层上方的主流区中也呈现出类似的趋势。

表 2.3 中更应当关注的是剪切层上下两侧的流体物理量参数的差异。有趣的是，随着这一上一下空间位置的改变，流体静压并不会显著变化，而密度和温度则出现了剧烈变动。具体而言，无论对于凹腔 H12 至后向台阶 H00 中的哪种构型，剪切层下方的回流区密度只有上方主流区的约一半甚至不及一半的大小，而其温度是上方主流区的两倍左右。显然，根据量热完全气体性质，这恰好在参数数值上解释了静压跨剪切层变化微弱的现象。由此可以总结出，剪切层作为分界上方主流区和下方回流区的中间过渡区间，其间存在着较强的负温度梯度与正密度梯度(梯度沿 y 正向)，静压在剪切层中梯度很小。这一结论对于各凹腔构型均成立。

进一步讨论凹腔流动中的声速特性。图 2.12 给出了不同构型凹腔内时均马赫数云图，并标注了 $Ma=1$ 的声速线(白色实线)。显而易见地，除回流区以外的主流区均以接近甚至高于来流 $Ma=2.92$ 的流向速度掠过凹腔，声速线位于剪切层中，跨越整个凹腔唇口并绕过后缘顶点延伸进入下游边界层内。受后缘附近涡结构影响，声速线在凹腔 H12 至凹腔 H06 中会有略微的偏折。

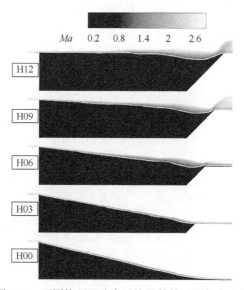

图 2.12　不同构型凹腔内时均马赫数云图与声速线

更重要的是，五种构型凹腔的回流区中均没有声速线的分布。尽管图 2.3(a)显示出回流区中可能会存在高速流动，但由于该局部为高温区，声速较之主流增大，故整个回流区内仍旧保持亚声速流动。取不同凹腔回流区内的平均马赫数分析，会发现一个有趣的事实，平均马赫数在五种构型中分别为 $Ma_{H12}=0.24$，$Ma_{H09}=0.15$，$Ma_{H06}=0.10$，$Ma_{H03}=0.12$，$Ma_{H00}=0.17$。考虑到各个构型凹腔的回流区中的静温不同，很难从绝对速度去比较它们的异同，但从声速特性角度来说，可以看出常规非突扩凹腔 H12 与突扩极限情况的后向台阶 H00 的回流区中呈现较"快"的回流，而那些具有一定突扩率的凹腔 H09、凹腔 H06、凹腔 H03 则较"慢"，且中等突扩率的凹腔 H06 最"慢"。毫无疑问，这一特性对于凹腔的声学特性具有一定影响，也表明了并非所有回流区的流动特性均与凹腔后缘高度呈绝对的正相关或负相关关系。

基于前述数值模拟结果分析，本节总结了用以描述开式凹腔流场特性的流动模式，如图 2.13 所示。超声速来流经凹腔前缘顶点生成的膨胀波后，速度增大，密度、压力、温度降低，主流下部与凹腔剪切层相接，剪切层上沿会产生散布的非稳态的压缩波或膨胀波，同时，流动沿着剪切层到达后缘斜坡形成滞止区并于附近产生一道压缩波。滞止区会在后缘斜坡上作用以较高的壁面压力。声速线发端于上游壁面边界层并沿着剪切层内部延伸至下游壁面边界层中，而流场以凹腔剪切层中的声速线为边界，划分为下方的亚声速回流区和上方的超声速主流区。较之超声速主流区，亚声速回流区内密度大幅降低，温度显著升高，而压力差异不大。剪切层内携带流体在到达后缘滞止区时，有相当一部分会卷入回流区内并沿着斜坡与底壁逆流向输运，从而形成后缘主涡。同时靠近凹腔前缘与底壁夹角处形成前缘主涡，在两个主涡之间会存在数个中部涡，这些较大涡结构间还会次生出系列小涡。涡的形状受到剪切层的压缩，会在流向上拉伸变长，或分裂为新的涡结构。

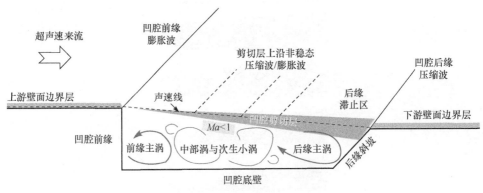

图 2.13　开式凹腔流动模式图

需要说明的是，尽管该流动模式基于二维计算结果得出，但如前所述，矩形凹腔内的冷态流动具有强二维特性，故在实际三维流动中，除去侧壁效应，回流区的涡固然具有三维结构，但其余主要的流动模式特征均与二维流动大致相同。

2.2.2　剪切层增长模型

本节将讨论剪切层内的流动特性，并尝试建立能够预测剪切层几何厚度发展规律的数学模型。从图 2.13 中不难看出，如果凹腔构型已经给定，那么一旦能够对凹腔剪切层的发展加以数学描述，就可以在数学模型上区分开上游主流与凹腔回流区，从而为进一步建立凹腔质量卷吸与上游喷注混合模型奠定理论基础。

图 2.14 给出了凹腔中三个流向位置的沿 y 向的流向速度与速度梯度剖面。为简洁起见，此处只分析凹腔 H12、凹腔 H06 与后向台阶 H00 三种构型。从速度剖面可以看到，剪切层的相对位置与三种构型的后缘高度呈近似线性关系。换句话说，模型中可以认为，剪切层在各个流向位置处的 y 向高度会基本附着于凹腔唇口线(凹腔前缘顶点与后缘顶点的连线)附近。在接近后缘的流向位置 $x/L_{ref}=8$，与凹腔 H12 和凹腔 H06 不同，后向台阶 H00 在剪切层下方存在较大的回流速度 ($u<0$)，这是由于后向台阶流场中，距离剪切层再附点越近，剪切层下方空间就越狭窄，回流速度就会越大。

图 2.14 还给出了速度梯度剖面的对比，可以从梯度剖面来大致观察剪切层厚度的发展规律。首先，需要定义，剪切层上沿起点应当是速度梯度明显增大的地方，而下沿则在明显收缓的地方。例如，在后向台阶 H00 的流向位置 $x/L_{ref}=8$ 处，排除掉被强烈压缩的回流区流动的影响，剪切层下沿的起算位置应当是在 $y/L_{ref}=-0.8$ 左右。由此从图中可以看出，剪切层沿流向逐步增厚，对于常规非突扩凹腔 H12，$x/L_{ref}=6$ 位置处剪切层厚度约为 $0.23L_{ref}$，而在 $x/L_{ref}=8$ 处，厚度增至约 $0.4L_{ref}$。后缘突扩凹腔 H06 与后向台阶 H00 也遵循增厚规律，且基本符合与流向距离的线性增长关系。此外，速度梯度还显示出一些更为显著的特征：一个是厚度的增长率在各个构型下并不相同，而且颇为有趣的是，如果观察 $x/L_{ref}=8$ 处的梯度剖面，不难发现后缘突扩凹腔 H06 的剪切层厚度较之常规非突扩凹腔 H12 和后向台阶 H00 都要更大；另一个是如果对比不同构型的梯度峰值，那么能发现后缘突扩凹腔 H06 在 $x/L_{ref}=6\sim8$ 位置处要略低于另外两种构型。此外，如果定义梯度的峰值位置为凹腔剪切层的中心线，那么在 $x/L_{ref}=8$ 处，三种构型的中心线间距并非线性相关于后缘高度，凹腔 H12 至凹腔 H06 的中心线下沉距离要低于凹腔 H06 至后向台阶 H00 的变化。

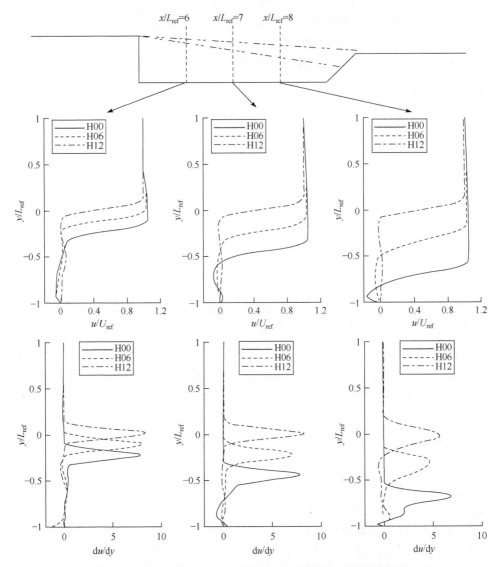

图 2.14 凹腔内不同流向位置的跨剪切层速度剖面与速度梯度剖面

诸多学者研究了自由剪切层或凹腔剪切层的厚度增长率数学模型[1-4]，他们将剪切层上下两侧的对流速度、对流马赫数以及相对密度关联在一起建立数学模型。然而，他们的研究仅针对剪切层厚度，并未考虑跨凹腔前后缘的剪切层整体分布位置，也未将后缘的形状与高度纳入模型。从上面的计算结果中可以知道，剪切层的位置与后缘高度直接相关。为此，本书提出如图 2.15 所示的描述凹腔剪切层增长模型的关键参数。

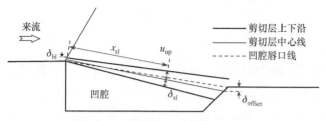

图 2.15　凹腔剪切层增长模型示意图

模型认为剪切层沿中心线两侧对称线性增长，以凹腔前缘顶点处边界层中速度梯度较大的底层厚度 δ_{bl} 设定为该处剪切层厚度，以该厚度中心点为起点，沿剪切层中心线下游 x_{sl} 距离位置处厚度发展为 δ_{sl}。剪切层中心线并非重合于凹腔唇口线，而是在后缘交汇处与后缘顶点存在偏移高度 δ_{offset}，这一模化处理考虑了前述计算结果反映的剪切层靠近后缘的偏移问题，同时为引入燃烧流场中的剪切层增长模型奠定了基础。与那些建立在常规非突扩凹腔的剪切层模型不同，后缘突扩凹腔的剪切层上方已不再能认为是自由来流，因而需要用剪切层上方当地的特征物理量来模化剪切层。

为封闭该凹腔剪切层增长模型，需要基于剪切层上下方参数给出厚度增长率 $\mathrm{d}\delta_{sl}/\mathrm{d}x_{sl}$ 与偏移距离 δ_{offset}。本节给出如下数学模型：

$$\frac{\mathrm{d}\delta_{sl}}{\mathrm{d}x_{sl}}=c_\delta\frac{u_{sl}}{u_{up}} \tag{2.4}$$

其中，c_δ 为一常数；u_{up} 为剪切层上方主流速度；u_{sl} 为剪切层特征速度，其计算公式为

$$u_{sl}=\frac{u_{up}}{2}\left(\frac{1}{r_{Ma}}\right)^{1.2}\left(1+\frac{1-r_d^{1/2}}{1+r_d^{1/2}}\right) \tag{2.5}$$

其中，$r_{Ma}=Ma_{cav}/Ma_{up}$，Ma_{cav} 与 Ma_{up} 分别为凹腔内与剪切层上方主流特征马赫数；$r_d=\rho_{cav}/\rho_{up}$ 为凹腔剪切层下方与上方特征流体密度之比。从前人研究和前述计算结果可以知道，超声速气流中的凹腔冷态流场 r_d 的取值一般为 $0.35\sim0.5$。纳入特征马赫数之比则是考虑剪切层对回流区的压缩效应。

2.2.1 节已经揭示，在凹腔冷态流场中，除强速度梯度和密度梯度外，凹腔剪切层中存在着较大的温度梯度和较微弱的压力梯度。实际上，一旦凹腔内存在剧烈的化学反应，那么压力梯度的大小会发生改变，剪切层便会发生竖直方向的偏移，本节将这一个偏移效应模化为后缘偏移距离 δ_{offset}，并给出其模型公式：

$$\delta_{\text{offset}} = c_{\text{offset}} H \frac{\left(r_T^{1/2} - 1\right)\left(1 - r_p\right)}{2} \tag{2.6}$$

其中，c_{offset} 为一模型常数；H 为后缘高度；$r_T = T_{\text{cav}}/T_{\text{up}}$ 为剪切层下方与上方的特征静温之比；$r_p = p_{\text{cav}}/p_{\text{up}}$ 为特征压力之比；$\delta_{\text{offset}} > 0$ 表明剪切层中心线较之凹腔唇口线下沉，$\delta_{\text{offset}} < 0$ 表明剪切层中心线较之凹腔唇口线上扬。不难看出，当 $p_{\text{cav}} > p_{\text{up}}$ 时，凹腔内的高压会抬升剪切层，反之，则下移剪切层。

　　基于该剪切层增长模型，结合表 2.2 给出的剪切层上下方物理量分布及图 2.14 所显示的速度剖面与速度梯度剖面，本节拟合得到了用以描述常规非突扩凹腔 H12、后缘突扩凹腔 H09、H06、H03 及后向台阶 H00 剪切层增长率的模型常数，其中厚度发展模型中的常数 $c_\delta = 7.73 \times 10^{-4}$，偏移距离模型常数 $c_{\text{offset}} = 0.224$。需要特别说明的是，后向台阶 H00 的后缘高度设定为 0，故偏移距离 $\delta_{\text{offset}} \equiv 0$。将封闭后的模型用于五种构型，绘制得到了如图 2.16 所示的模型剪切层。图 2.16 中，白色实线为模型剪切层的中心线，两侧白色虚线分别为剪切层上边缘与下边缘。前缘顶点处边界层底层厚度取 $\delta_{\text{bl}} = 0.04 L_{\text{ref}}$。

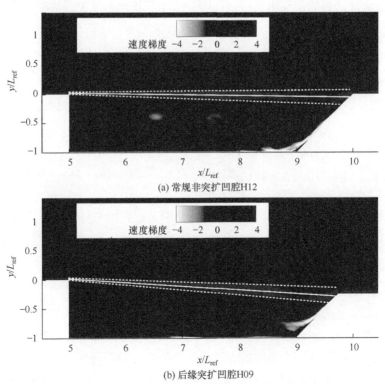

(a) 常规非突扩凹腔H12

(b) 后缘突扩凹腔H09

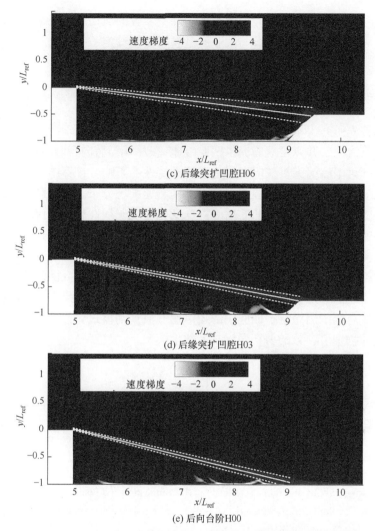

图 2.16　不同构型下无量纲速度梯度云图与模型预估的剪切层几何特性

　　可以看到，本节所建立的模型较好地吻合了数值模拟结果。在当前的凹腔算例(后向台阶除外)中，凹腔后缘附近剪切层中心线再附点的偏移总是倾向于下沉，模型也较好地预测到了偏移距离。速度梯度云图及模化剪切层也揭示出，尽管剪切层整体随凹腔后缘高度降低而下沉，但剪切层厚度并非与之呈线性关系。实际上，从已有的五种构型中可以明显看出，凹腔 H06 拥有最大的剪切层增长率与剪切层厚度，且整体而言，剪切层增长率随后缘高度降低(突扩率增大)呈现先增后减的趋势。

　　本节基于计算结果系统分析了适用于描述后缘突扩凹腔冷态流场的流动模

式，并进一步建立了关联凹腔内外流动物理量参数的剪切层增长率数学模型，这为后文建立凹腔上游射流混合与凹腔质量卷吸模型奠定了基础。

2.3　本章小结

本章首先研究了不同后缘突扩率的凹腔中的二维冷态流动特性，分析了瞬态和时均数值流场，并以常规非突扩凹腔(突扩率为 0)与后向台阶(突扩率为 100%)为参考，探讨了后缘突扩效应对于冷态流动特性的影响。计算结果显示，凹腔后缘突扩效应会显著地影响凹腔附近波系结构、速度场分布、回流区涡结构及压力损失特性。而这个效应随着凹腔后缘高低变化呈现非线性趋势。流场以凹腔剪切层中的声速线为边界，划分为下方的亚声速回流区和上方的超声速主流区。较之超声速主流区，亚声速回流区内密度大幅降低，温度显著升高，而压力差异不大。剪切层内携带流体在到达后缘滞止区时，有相当一部分会卷入回流区内并沿着斜坡与底壁逆流向输运，从而形成后缘主涡。根据二维计算结果与相关的已有研究基础，本章总结了后缘突扩凹腔中的超声速气流流动模式，并建立了一个关联凹腔内外流动物理量参数的剪切层增长率数学模型。

参 考 文 献

[1] Papamoschou D, Roshko A. The compressible turbulent shear layer: An experimental study[J]. Journal of Fluid Mechanics, 1988, 197: 453-477.

[2] Slessor M D, Zhuang M, Dimotakis P E. Turbulent shear-layer mixing: Growth-rate compressibility scaling[J]. Journal of Fluid Mechanics, 2000, 414: 35-45.

[3] Coats C M, Richardson A P, Wang S. Nonpremixed combustion in turbulent mixing layers part 2: Recirculation, mixing and flame stabilization[J]. Combustion and Flame, 2000, 122(3): 271-290.

[4] Murray R C, Elliott G S. Characteristics of the compressible shear layer over a cavity[J]. AIAA Journal, 2001, 39(5): 846-856.

第 3 章 凹腔中的燃料输运与混合过程

在超燃冲压发动机燃烧室中，来流气流速度高，在燃烧室内的驻留时间短，如何实现喷注出的燃料在短时间内快速输运并充分混合对于在发动机燃烧室内开展点火与实现火焰稳定过程十分重要。本章将针对喷注气态燃料的凹腔燃烧室中燃料输运及混合过程，采用数值仿真的方法分析燃料输运与混合流场结构特征、燃料喷注方案以及凹腔构型对燃料输运与混合过程的影响，进而为凹腔稳焰器中的点火与火焰稳定过程研究提供参考。

3.1 燃料输运与混合流场结构特征

凹腔上游壁面横向喷注燃料是超燃冲压发动机燃烧室中一种简单且高效的燃料喷注方案。与凹腔内的主动喷注方式相比，上游壁面喷注能够进一步增加燃料在到达凹腔回流区之前的混合程度，同时，由于凹腔上游横向射流对高速来流有阻滞作用，射流出口附近形成的回流区能够为火焰基底稳定提供有利场所。为了进一步明晰凹腔上游喷注燃料混合过程物理机制以及凹腔构型变化对燃料混合特性的影响，本节针对三种不同后缘高度的构型凹腔开展较为精细的三维大涡模拟研究。

3.1.1 仿真工况设置

图 3.1 给出了本节算例中的凹腔计算域尺寸与边界条件。为降低计算量，计算域截取了燃烧室内流道流向长度为 180mm 的主体区域，入口设置在距离凹腔前缘上游 40mm 处，以射流喷孔为中心沿展向取宽度为 30mm，即不考虑两侧壁面。计算域高度与实验凹腔装置一致，即保留了上下壁面。

三种构型凹腔对应的后缘高度 H 不同，分别记为 H06、H09 与 H12，其中凹腔 H06 与凹腔 H09 为后缘突扩凹腔，凹腔 H12 为对比研究的常规非突扩基准凹腔。尽管凹腔后缘高度不同，但燃烧室下游出口处的流道高度(流道扩张率)是相同的，这也就意味着对于固定长度为 180mm 的计算域，三种凹腔的计算域出口高度略有差异，对应于凹腔 H06、凹腔 H09 与凹腔 H12 分别为 48.74mm、46.56mm 与 44.34mm。同理，凹腔后缘顶点至计算域出口的距离(凹腔下游区域长度)也相应不同，这些参数的差异与真实的实验构型是吻合的[1]。

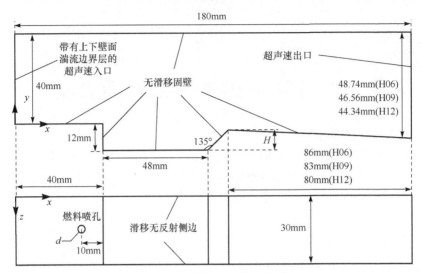

图 3.1 凹腔计算域尺寸与边界条件

设置距离凹腔前缘 10mm 位置处有喷孔，气态燃料射流从喷孔中沿着壁面法向以声速喷出。对于氢气燃料喷注，喷孔直径选取为 $d = 2mm$ ，而对于乙烯，$d = 3mm$ 。在计算中通过设定不同的喷注压力调节氢气或乙烯射流的全局燃料空气当量比及射流来流动量比。

计算域入口通过合成涡方法(synthetic-eddy method，SEM)给出了沿上下壁面的湍流边界层。SEM 所需的边界层平均剖面及二阶脉动量数据取自一个预先计算得到的相同来流条件下同样展向宽度的三维平板边界层算例结果。需要说明的是，尽管上下壁面均需要给出入口湍流边界层，但在计算过程中具体实施 SEM 时，仅需在下壁面的湍流边界层入口处生成小涡区域，在处理上壁面的湍流入口时，可以视作当地存在一个同样几何尺寸的虚拟小涡区域，两者的空间位置及其中小涡的数量与分布关于流道高度中心对称，小涡上所携带的信息完全一致。上下壁面入口湍流边界层高度均取 3mm。上下壁面及凹腔内部均为无滑移固壁，下游出口为超声速出口外推边界条件。两侧为滑移无反射边界。

尽管研究的三种不同后缘高度的凹腔计算域在几何构型上有所区别，但网格划分的规律大致相同。图 3.2 给出了凹腔 H09 的网格分区示意图。网格整体可划分为四个区域，即包含射流喷孔在内的凹腔上游区域共包含 5×4×3 个网格分区；凹腔上方主流区域共包含 9×4×3 个网格分区；凹腔内区域包含 9×2×3 个网格分区；凹腔下游区域则包含 7×4×3 个网格分区。为提供并行效率降低分区间通信量，每个网格分区沿三个方向上的网格点数均为 41。故网格总共包含 306 个网格点数量为 41×41×41 的子分区，共计 19584000 个网格。

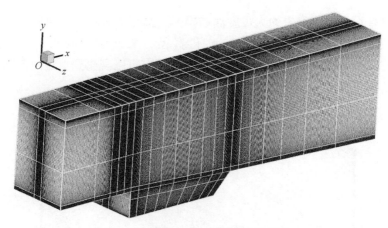

图 3.2 凹腔 H09 的网格分区示意图

沿流向，网格主要在射流出口附近、凹腔前缘附近、凹腔剪切层及唇口沿线以及凹腔后缘附近加密，入口网格密度略有增加。沿展向，网格则集中分布于中心线上的射流出口附近。若以入口中心线底部的壁面网格点上的流场信息为参考量计算无量纲长度尺度，那么前述网格加密区沿三个方向上的网格间距的尺度分别为 $\Delta x^+ = 10 \sim 40$，$\Delta y^+ = 1 \sim 20$，$\Delta z^+ = 10 \sim 30$。该网格尺度及分布密度基本满足大涡模拟的需求。需要额外说明的是，尽管氢气射流与乙烯射流具有不同的喷孔直径，但本书的射流喷孔是通过在底壁网格上定义不同的喷孔射流半径来实现的，因而两者在喷孔附近的网格分布并无区别。

本节算例的具体来流参数如表 2.1 所示。表 3.1 给出了本节算例中用到的气态燃料喷注条件。

表 3.1 凹腔射流混合算例气态燃料喷注条件

凹腔	喷孔直径/mm	气态燃料	喷前总压 P_{j0}/MPa	射流总温 T_{j0}/K
H06	3	C_2H_4	2.14	300
H09	3	C_2H_4	2.14	300
H12	3	C_2H_4	2.14	300
H09	2	H_2	1.21	300

3.1.2 凹腔上游喷注混合流场结构特征

本节将基于凹腔 H09 研究凹腔上游横向喷注气态燃料射流的混合流程。图 3.3 给出了乙烯射流流场趋于准稳态后一组典型的展向中心截面上以流向速度着色的速度散度 $\partial u_i / \partial x_i$ 的等值线图，并以瞬时流向速度着色。由于混合流场中的涡旋结构势必引起局部速度梯度的改变，所以速度散度等值线集中的强速度梯度区域可以直观显示流场中的大尺度涡结构。三幅数值流场图像对应的真实时间间隔为 $\Delta t = 10d/U_{\text{ref}}$ ，其中 d 为喷孔直径，大小为 3mm ，参考速度为 $U_{\text{ref}} = 1559.46\text{m/s}$ 。通过连续时刻的速度散度分布可以观察到射流混合流场中大尺度涡结构的形成与运动过程。

速度/(m/s) −800 −200 400 1000 1600

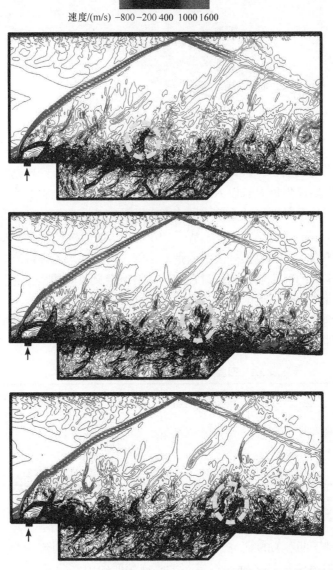

图 3.3　连续时刻凹腔 H09 展向中心截面上以流向速度着色的速度散度的等值线图

首先关注流向速度的分布情况，显然，剪切层下方的回流区、射流迎风坡及背风坡是流场的主要低速区域，这些低速区域甚至可能穿透凹腔唇口线并占据剪切层的大部分区域，正是由于低速区的存在，燃料在到达这些区域后能够有充裕的时间来实现与来流空气的混合。其次可以看到，在射流出口附近，速度散度等值线图密布于射流出口的桶状激波与马赫盘上，而桶状激波内的射流穿透区域等值线分布则较为稀疏，可以推断该区域内横向喷注的燃料射流仍旧能够保持较高的壁面法向速度，并且在桶状激波迎风面上急剧转向，因此在该处形成强速度梯度。沿着桶状激波形成的波动将在经过马赫盘后脱落，在附近不断产生大的速度脉动并伴随大尺度结构的生成。从速度散度等值线的分布密度来看，显然凹腔的剪切层沿线与后缘顶点附着区是全流场梯度最大的区域，而主流中除射流弓形激波及其反射波以外的区域则要缓和得多。从速度散度等值线图中也能够辨识出上壁面的湍流边界层及射流尾迹上部一些大尺度涡破碎结构。凹腔回流区内的流动虽不及剪切层附近速度梯度大，但较之主流仍旧具有较强脉动。

三幅图像中线圈标注的区域揭示了射流下游沿凹腔剪切层形成的具有代表性的大尺度涡结构及其运动规律。这些大尺度结构将会在射流下方凹腔剪切层上游区域不断产生，并随着射流与主流一同向下游运动，在此过程中将会发生变形但并不会显著地延伸到主流区或进入剪切层下部。在到达后缘附近后进一步引起当地的速度脉动。

进一步考察燃料从射流喷孔喷出后的混合过程。图 3.4 给出了乙烯质量分数 $Y_{C_2H_4}$ 着色的准稳态流场中三维流线的典型瞬态图像。为了直观展示，图中给出了多个视角下的三维流线空间分布。流线沿展向中心截面与凹腔上游近壁区水平面布置。可以看到，由于射流会对高速来流形成阻滞作用，穿过射流区域的流线将沿展向显著扩张，上游区域展向中心截面附近乙烯浓度较高的流体将会携带燃料快速地沿展向扩散开来。该加速扩散效应是凹腔内主动喷注方式所不具备的。高于射流穿透度的主流部分沿展向的运动则不会受到射流的显著干扰，仅在激波位置发生一定的横向偏折。射流中的大部分燃料都将从凹腔上方拂过，并直接到达凹腔下游区域，具体而言，射流与主流混合层形成的大尺度涡结构将携带大量燃料，这部分燃料可能在运动过程中被输运到远离射流核心区的上部主流区域，并快速地流向下游。在当前条件下，当燃料射流到达凹腔后部附近时，射流核心区的乙烯质量分数已衰减至 0.4 以下，这也意味着剪切层上方的燃料射流在掠过凹腔之前已经实现了较大程度的混合，同时可以推断，如果在更加上游的喷孔喷注燃料，该混合效应将会更加显著。实际上，对于火焰稳定来说，更重要的是低速的凹腔回流区内的燃料混合情况。结合图 3.4 不难发现一个有趣的现象，当前条件下，在展向中心区域附近，射流燃料并不会显著地卷吸进入凹腔内，甚至有相当部分质量燃料会由凹腔内流出，与此同时，射流两翼会形成一个显著的卷吸流，这个卷吸流将会携带足够多的燃料，直接穿过凹腔剪切层进入回流区中。通过观察更多瞬态及时均结果可以发现，该现象并非仅在给定瞬态出现，而是主导了整个燃料射流与凹腔剪切回流区之间的相互作用。

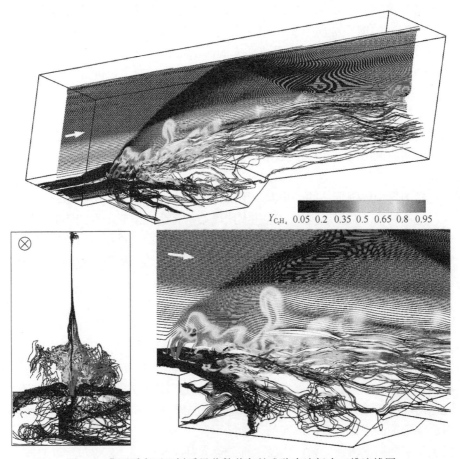

$Y_{C_2H_4}$　0.05　0.2　0.35　0.5　0.65　0.8　0.95

图 3.4　典型瞬态下乙烯质量分数着色的准稳态流场中三维流线图

下面将讨论混合流场的密度梯度与波系结构。图 3.5 给出了凹腔 H09 上游喷注乙烯燃料混合流场展向中心截面 $z = 0.015\text{m}$ 与射流出口附近横向水平截面 $y = 0.003\text{m}$ 上密度梯度幅值 $|\nabla\rho|$ 云图。由于乙烯射流密度显著高于主流空气密度，射流出口密度梯度最大，同时通过密度梯度幅值可以清晰地辨识出射流出口附近桶状激波与马赫盘。射流上游分离区诱导的分离激波与弓形激波交汇形成"λ 激波"，弓形激波贯穿整个主流道，到达上壁面后产生反射激波，反射激波将作用在

凹腔下游主流与射流上。一个值得注意的现象是，凹腔回流区内的密度梯度并不
显著，这一特征将有助于后文建立射流条件下的回流区剪切层增长模型，具体细
节参见文献[2]中讨论。近壁面横向截面上的密度梯度分布则清晰地显示了射流上
游分离激波与射流弓形激波的存在，弓形激波在射流两侧靠近底壁的区域将进一
步诱导生成马蹄涡。同时，沿射流空气混合层边缘分布有零散的压缩波系，与前
文凹腔无喷流冷态流场中附着在凹腔剪切层上的压缩波系类似，这些压缩波系会
随着射流中大尺度结构的脉动而呈现出非稳态的变化。

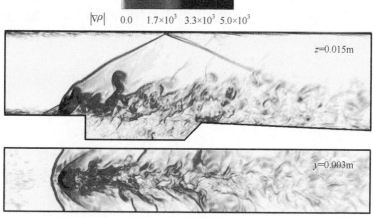

图 3.5　展向中心截面与射流出口附近横向水平截面上密度梯度幅值云图

　　为进一步展示凹腔上游喷注乙烯混合流场中的射流大尺度涡结构与燃料混合
机制的关系，图 3.6 给出了凹腔 H09 中乙烯摩尔分数 $M_{C_2H_4}$ 着色的瞬态涡量等值
面图。需要说明的是，此处的等值面选择了恰当大小的涡量以突出显示燃料射流
与空气混合层中的大尺度结构。

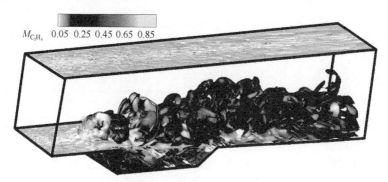

图 3.6　乙烯摩尔分数着色的瞬态涡量等值面图

　　可以看到，由于主流与射流之间的相互剪切，许多大尺度结构将沿着射流穿

透边缘生成，如同前面所分析的那样，这部分大尺度结构将携带大量高浓度的燃料渗透进入主流中。大尺度涡同时存在显著的横向结构与展向结构，显然，这些结构将增强燃料沿横向与展向的输运效应，从而增加了燃料在主流空气中的整体混合效率。凹腔后缘附近已经可以看到由上游发展而来的大尺度涡的拉伸与变形，同时凹腔下游区域的涡结构变得十分丰富。

3.1.3 不同动量比下凹腔中的喷注混合过程

如表 3.1 所示，为了研究喷注动量比对于后缘突扩凹腔射流穿透混合过程的影响，此处对比了密度差异显著的气态燃料(氢气与乙烯)在不同喷注总压下和不同喷孔直径下的射流混合流场。为了定量考察两个算例喷注条件的差异，本书定义如下所示的射流来流动量比：

$$J = \frac{\rho_j u_j^2}{\rho_\infty u_\infty^2} \tag{3.1}$$

其中，下标 j 代表喷孔出口参数，即 ρ_j 为喷孔出口射流密度，u_j 为该位置处射流速度；下标 ∞ 代表平行于壁面的自由来流参数，即 ρ_∞ 为来流密度，u_∞ 为来流速度。需要说明的是，这一定义与某些研究可能不一致，因为有些研究中会在式(3.1)的分子(喷孔射流动量)与分母(横向来流动量)上取根号。本书将动量比定义统一于此处，下不赘述。

表 3.2 列出了如表 3.1 中凹腔 H09 条件下，上游乙烯与氢气喷注时所对应的射流空气动量比。氢气混合算例对应动量比为 $J_{H_2} = 1.08$，而乙烯混合算例对应动量比为 $J_{C_2H_4} = 2.25$。

表 3.2 凹腔 H09、乙烯与氢气喷注条件所对应的射流空气动量比

条件	密度/(kg/m³)	速度/(m/s)	动量比 J
来流空气	0.352	1559.46	
乙烯射流喷孔	19.6	313.6	2.25
氢气射流喷孔	0.64	1201.47	1.08

两者在喷注动量比上的差异将会带来混合流场的显著差异，首先从速度场来看，图 3.7 为对应于前述两个射流混合算例的典型瞬态流向速度云图，通过两个截面(展向中心截面 $z = 0.015\text{m}$ 与另一展向截面 $z = 0.0225\text{m}$)对比了不同展向位置上的流向速度分布，图中白线标注为声速线。先观察展向中心截面，不难发现，得益于乙烯射流相对较低的横向速度与相对较高的动量比，乙烯射流的背风面形成了一个较大范围的回流区，回流区内存在显著的逆流向速度。如声速线所示，

在乙烯射流展向中心截面的下游凹腔剪切层附近，声速线的位置在整体上显著高于氢气射流算例，正是由于乙烯射流对主流的阻滞作用，射流下方与凹腔剪切层上方之间形成了一个非稳态跨声速区，而相较之下，氢气算例中的声速线则几乎附着在凹腔剪切层上。同时，乙烯射流喷孔下游的回流区内甚至出现了超声速的逆流向流动。而在另一个偏离展向中心的截面 $z = 0.0225\text{m}$ 上，两个算例在低速区与声速线的空间分布上相差不大，但较高动量比的乙烯射流所形成的上游近壁分离区及主流中的弓形激波引起的速度间断在该截面上仍十分显著。另外，氢气射流下游凹腔内形成了超声速的局部回流，且在该截面位置上，凹腔回流区内的逆流向速度要明显大于乙烯射流算例，这代表着展向中心线上横向射流的阻滞作用越强，下游凹腔内的回流运动相对越迟缓。

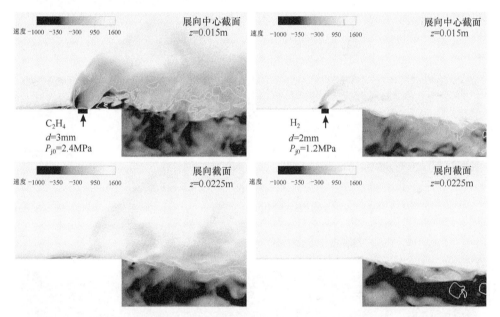

图 3.7　不同燃料与动量比条件下展向中心截面 $z = 0.015\text{m}$ 与展向截面 $z = 0.0225\text{m}$ 上的瞬态流向速度云图(单位：m/s)

　　混合分数用于定义来自燃料供应端(射流喷孔)的燃料与来自氧化剂供应端(来流空气)的氧气混合情况，定义 ν_{st} 是化学当量条件下氧化剂与燃料之间的质量比，那么局部的混合分数 f 可由式(3.2)计算：

$$f = \frac{\nu_{\text{st}} Y_{\text{F}} - Y_{\text{O}_2} + Y_{\text{O}_2}^{\text{source}}}{\nu_{\text{st}} Y_{\text{F}}^{\text{source}} + Y_{\text{O}_2}^{\text{source}}} \tag{3.2}$$

其中，Y_{F} 与 Y_{O_2} 分别为当地的燃料质量分数与氧气质量分数；$Y_{\text{F}}^{\text{source}}$ 为射流喷孔

处燃料的质量分数，在本书喷注条件下，有 $Y_F^{source}=1$；$Y_{O_2}^{source}$ 为来流空气中氧气的质量分数，可由来流组分参数确定。

图 3.8 给出了凹腔 H09 时不同燃料与动量比条件下展向中心截面上的燃料混合分数分布。图中两个算例的瞬态结果对应于同一时刻(以打开射流喷孔的时刻为时间起始点)。显然地，乙烯射流有着更高的穿透高度，喷孔中的乙烯将到达足够高度后才开始沿主流转向，但部分燃料仍旧会通过桶状激波及马赫盘被输运至射流背风面，这将会在射流中心的下方与凹腔前部之间形成一个混合条件与速度条件均比较优良的通道。而当前喷注条件下的氢气射流则无法实现较高的穿透，射流整体被上游来流压缩至近壁区域，燃料从喷孔出来后将快速转至主流方向。与乙烯射流不同的是，射流中心附近的氢气并未随着流向距离的增大而快速地进行燃料的横向扩散，这与氢气射流边缘未能形成显著的大尺度涡结构相关。

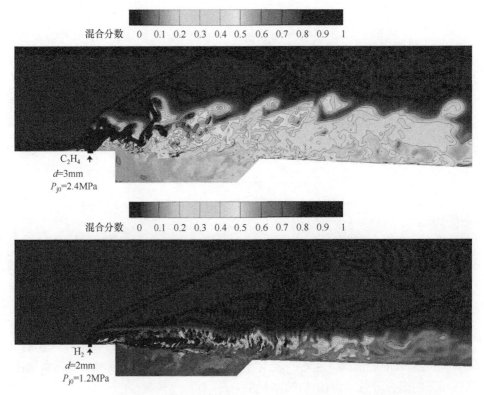

图 3.8　不同燃料与动量比条件下展向中心截面上燃料混合分数瞬态云图

另外，可以明显地看到，氢气射流在凹腔上方的空间分布与凹腔后缘突扩构型带来的凹腔剪切层偏折紧密相关，不难推断，较小的喷注动量比也意味着燃料射流更容易受到凹腔剪切层的影响。观察凹腔回流区内的混合情况可以发现，在相同凹腔构型下，乙烯喷注条件下凹腔回流区内卷吸进入了更多的燃料，且这部分燃料较为均匀地分布于凹腔内部，相较之下，氢气与氧气在凹腔内的混合程度则较低且更多地集中于凹腔回流区后部。当然，上述差异也部分源于乙烯与氢气射流质量流率的差别。

为进一步定量对比不同动量比条件下的凹腔上游射流穿透高度，从不同动量比条件下凹腔 H09 上游喷注气态燃料的混合流场时均结果中提取射流穿透高度，如图 3.9 所示。本节时均结果的统计时长为 5 个通流左右。此处，穿透边界定义为燃料混合分数衰减至 $f = 0.001$ 的位置。可以看到，对于氢气射流，在 $J_{H_2} = 1.08$ 条件下，其穿透高度在 $30\text{mm} < x < 40\text{mm}$ 迅速爬升至 $y = 4\text{mm}$，下游不再显著升高，在凹腔上方的 $40\text{mm} < x < 70\text{mm}$ 这一距离内基本维持在 $y = 4.5\sim5.5\text{mm}$。而对于动量比为 $J_{C_2H_4} = 2.25$ 的乙烯射流，在统计的距离 $30\text{mm} < x < 70\text{mm}$ 内会由喷孔出口穿透至 $y = 14\text{mm}$，且在下游的区域有继续抬升的趋势。

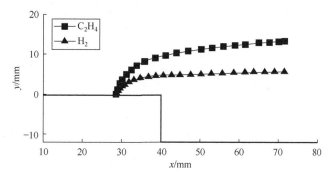

图 3.9 从不同喷注动量比条件下凹腔 H09 的混合流场时均结果中提取的射流穿透高度对比

3.2 燃料喷注方案对燃料输运与混合过程的影响

为了实现燃烧室内燃料氧化剂均匀充分的混合，许多学者提出了多种燃料喷注方案。凹腔燃料喷注方案通常分为两种：一种是被动式燃料喷注方案，另一种是主动式燃料喷注方案。当采用主动式燃料喷注方案时，燃料喷孔是安装在凹腔内部壁面上，而燃料直接喷注到凹腔回流区中。当采用被动式燃料喷注方案时，燃料喷孔安装在凹腔上游而通过剪切层卷吸到凹腔回流区中。为了实现更主动地控制凹腔回流区燃料分布及燃烧室内更均匀的燃料分布，起到同时利于点火和火焰稳定的作用[3-6]，组合式(被动式和主动式)燃料喷注方案也被提出并初步得到了应用。本节将主要讨论不同的喷注方案对凹腔燃料混合过程的影响。

3.2.1 仿真工况设置

本节仿真计算的求解器为基于 OpenFOAM 计算平台的 scramjetFoam，采用亚格子一方程模型进行大涡模拟计算。具体的数值仿真格式与计算方法可以参见文献[7]中所述，来流参数均依据表 2.1 中参数进行设定。喷注燃料为气态常温乙烯。

图 3.10 给出了不同凹腔上游喷注距离的后缘突扩凹腔燃烧室的计算域结构。燃烧室入口高度为 40mm，计算域展向宽度为 30mm。后缘突扩凹腔前壁面高度、后壁面高度、底壁长度及后缘扩张角分别为 20mm、10mm、90mm 和 45°。凹腔上游壁面和下游壁面相平行，扩张角度为 1°。在计算域流场中心截面设置 J1 和 J2 两个燃料喷孔，圆形喷孔直径为 2mm。J1 距离凹腔前壁面 30mm，J2 距离凹腔前壁面 10mm。

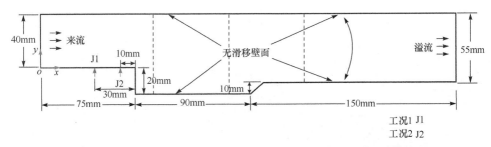

图 3.10　不同凹腔上游喷注距离的后缘突扩凹腔燃烧室的计算域结构示意图

设置的两个仿真工况，即工况 1 和工况 2 如表 3.3 所示。其中工况 1 只采用 J1 喷孔，工况 2 只采用 J2 喷孔，网格在流向、法向和展向上分布均匀，展向上两个侧面设置为周期边界条件，燃烧室上下壁面设置为无滑移壁面边界条件。在凹腔外面有 840×130×50 个网格，在凹腔内部有 300×60×50 个网格，总网格量为 6136123。网格在燃烧室上下壁面、凹腔前后壁面及剪切层位置均匀加密，以更好地模拟凹腔剪切层。

发动机入口和燃料喷孔设置为压力入口边界条件，具体数值如表 3.3 所示，发动机出口设置为压力出口边界条件。此外，发动机入口和燃料喷孔设置为湍流入口，湍流度设定为 5%。计算中全局库朗数 CFL 始终保持在 0.3 以下，相应的计算物理时间在 1×10^{-8} s 量级，工况 1 和工况 2 中各计算了 6 个通流时间。

表 3.3　工况 1-4 喷孔和来流空气的数值仿真边界条件

参数	来流空气	工况 1、2	工况 3、4
T_0/K	1530	300	300
P_0/MPa	2.6	1.8	1.5

续表

参数	来流空气	工况 1、2	工况 3、4
Ma	2.92	1.0	1.0
Y_{O_2} / %	23.3	0.0	0.0
Y_{H_2O} / %	5.9	0.0	0.0
Y_{CO_2} / %	9.6	0.0	0.0
Y_{N_2} / %	61.2	0.0	0.0
$Y_{C_2H_4}$ / %	0.0	100.0	100.0
Φ		0.16	0.30

　　本章中用于研究燃料喷注方案的工况 3 和工况 4 的计算域结构示意图如图 3.11
所示。区别于图 3.10 中的燃烧室构型,图 3.11 中除了燃料喷注喷孔设置不同以外,
燃烧室隔离段长度增长到 95mm,相应的燃烧室出口也不相同,计算域展向宽度
也增长为 34mm。为了降低网格密度,提高计算效率,工况 3 和工况 4 中的燃烧
室上壁面设置为滑移壁面边界条件。

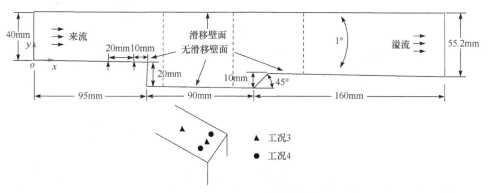

图 3.11　工况 3 和工况 4 的计算区域结构示意图

　　图 3.11 中也给出了 3.2.3 节中研究的燃料喷注方案喷孔设置位置示意。工况 3
的喷孔设置在中心截面距离凹腔前壁面 30mm 和 10mm 距离的位置(J1 和 J2),工
况 4 的喷孔设置在距离凹腔前壁面 10mm 且三等分燃烧室展向距离的位置,两个
喷孔之间相距 16.7mm。
　　网格在燃烧室底壁、凹腔前后壁面及喷孔位置处均匀加密。由于燃烧室上壁
面设置为滑移壁面边界条件,整个网格在横向上逐渐稀疏。工况 3 和工况 4 的网
格量分别为 11690775 和 10423793,考虑到燃烧室壁面应力 τ_w,两个网格核心区
域的网格分辨率为 $\Delta x^+ \approx 1 \sim 60$、$\Delta y^+ \approx 1 \sim 40$ 和 $\Delta z^+ \approx 20 \sim 60$。工况 3 和工况 4 中
各计算了 10 个通流时间[8]。

　　本节中工况 5、工况 6 和工况 7 的计算域结构示意图如图 3.12 所示,计算域的展向宽度为 30mm。在本节计算网格中共有 3 个燃料喷孔,喷嘴 1 是凹腔上游被动式燃料喷孔,坐落在距离凹腔前壁面 10mm 处。喷嘴 2 和喷嘴 3 是凹腔主动式燃料喷孔,喷孔方向和主流平行。其中,喷嘴 2 坐落在凹腔前壁面上距离凹腔上游壁面 5mm 处,喷嘴 3 坐落在凹腔后壁面上距离凹腔底壁 1mm 处。喷嘴 1 的直径为 2mm,喷嘴 2 和喷嘴 3 的直径为 1mm。

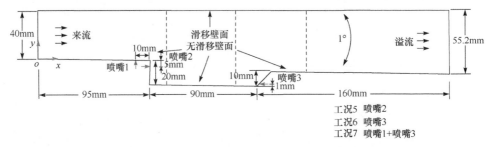

图 3.12　工况 5、工况 6 和工况 7 的计算域结构示意图

　　在展向 z 上,采用周期性边界条件。网格在凹腔外部有 860×150×60 个网格单元,在凹腔内部由 360×63×60 个网格单元,总网格量为 8854200。考虑到本节超声速来流中的壁面应力 τ_{w},核心区域的网格解析度为 $\Delta x^+ \approx 1 \sim 60$、$\Delta y^+ \approx 1 \sim 40$ 和 $\Delta z^+ \approx 20 \sim 60$。燃烧室底壁采用无滑移壁面边界条件,燃烧室上壁面采用滑移壁面边界条件。燃烧室入口和燃料喷孔设置为压力入口边界条件,燃烧室出口设置为压力出口边界条件。各压力入口参数根据实验中具体数值设定,压力入口湍流脉动值设定为 5%,具体参数如表 3.4 所示。工况 5、工况 6、工况 7 中各计算了6 个通流时间。

表 3.4　工况 5～7 中喷孔和来流空气的数值仿真边界条件

参数	来流空气	工况 5、6	工况 7
T_0/K	1530	300	300
P_0/MPa	2.6	2.0	1.8
Ma	2.92	1.0	1.0
Y_{O_2} /%	23.3	0.0	0.0
Y_{H_2O} /%	5.9	0.0	0.0
Y_{CO_2} /%	9.6	0.0	0.0
Y_{N_2} /%	61.2	0.0	0.0
$Y_{C_2H_4}$ /%	0.0	100.0	100.0
Φ		0.05	0.19

3.2.2　不同凹腔上游燃料喷注距离条件下的燃料输运与混合过程

本节将着重研究不同凹腔上游燃料喷注距离条件下的燃料输运及混合过程。首先对本节采用的数值仿真方法进行验证，其结果如图 3.13 所示，选取工况 2 的燃烧室下壁面的壁面压力对比数值仿真时均结果和实验测量结果。从数值仿真压力曲线上可以看出，仿真的变化曲线和实验结果比对得较好，只有在凹腔下游 $x=250\mathrm{mm}$ 处数值较低，这可能是由湍流入口边界条件设置不准确所导致的。但从整体趋势上看，数值仿真的结果能够用来研究冷态流场结构[9]。

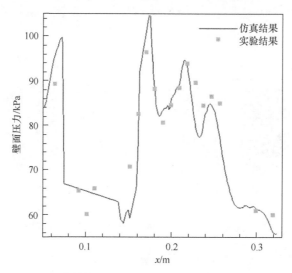

图 3.13　工况 2 中燃烧室下壁面的壁面压力数值仿真与实验对比[9]

图 3.14 展示了工况 1 和工况 2 中乙烯质量分数为 0.1 的等值面以及流场中心截面的数值纹影结果。燃料射流喷注以后，在流场中相对于主流而言相当于一个障碍物，进而在喷孔前方形成一道弓形激波。超声速湍流入口边界层就会在这个弓形激波前面发生边界层分离，并在弓形激波后产生一个小的分离区。可以明显看出，乙烯射流随着向下游发展不断破碎为小涡结构，暗示一个逐渐增强的混合过程。从乙烯质量分数等值面上也可以看出，工况 2 卷吸进凹腔内的燃料要比工况 1 多，而工况 1 喷注到主流中的燃料也要比工况 2 多。

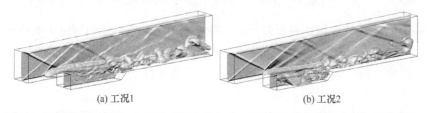

(a) 工况1　　　　　　　　　　　　　(b) 工况2

图 3.14　工况 1 和工况 2 中乙烯质量分数为 0.1 的等值面和流场中心截面纹影图像[9]

为了更好地展示燃料在流向截面上的分布情况，选取如图 3.10 中虚线所示的三个特征流向截面，其中 x=90mm 和 x=150mm 处截面均位于凹腔内，而 x=210mm 处截面位于凹腔下游。图 3.15 给出了工况 1 和工况 2 中不同流向截面上瞬态乙烯质量分数和声速线分布，可以明显地看出这两个工况定量的对比结果。在燃烧室主流中的超声速区域，工况 1 燃料射流穿透深度更大，燃料分布得更多。在后缘突扩凹腔内的亚声速区域，工况 2 燃料分布要更多而且更加均匀。这主要是因为工况 2 的燃料喷注位置距离凹腔前壁面更近，相当于更早地通过剪切层发生燃料卷吸作用，所以会卷吸相对更多的燃料进入凹腔内。

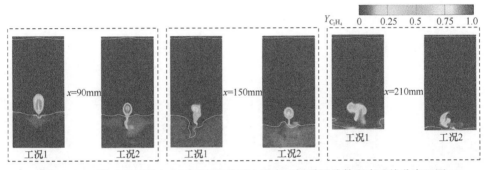

图 3.15　工况 1 和工况 2 中不同流向截面上瞬态乙烯质量分数和声速线分布云图

图 3.16 展示了工况 1 和工况 2 中流场中心截面上时均乙烯质量分数和声速线分布。展向上时均乙烯质量分数分布情况和图 3.15 中展示的不同流向截面上瞬态乙烯质量分数分布情况相同，进一步验证了前面获得的由凹腔上游喷注距离不同所带来的燃料流动输运差异。

图 3.16　工况 1 和工况 2 中流场中心截面上时均乙烯质量分数和声速线分布云图

从图 3.16 中的声速线也可以看出，在流场中工况 1 的亚声速区域面积最小，在凹腔后壁面附近这种差异更加明显。因为亚声速区域要比超声速区域更加适宜在点火后的初始火焰生成和传播过程，可以看出工况 2 要比工况 1 更加适合点火过程。

从图 3.17 中展示的工况 1 和工况 2 中流场中心截面上的瞬态涡量和声速线分

布, 可以明显看出凹腔剪切层、壁面边界层和燃料射流的涡结构。Ben-Yakar 等[10]根据凹腔的长深比将凹腔流场定义为闭式和开式, 本节中的凹腔属于开式凹腔结构。流场中的涡量可以用来表征局部湍流特征, 以此衡量燃料氧化剂混合情况。从涡量分布上来看, 工况 1 和工况 2 都是在凹腔后壁面附近存在较大的涡量, 相比而言, 工况 2 中在后壁面附近涡量分布更加聚集且数值也更大。这表明工况 1 和工况 2 中在凹腔后壁面位置都会存在较大的湍流耗散作用, 但同时在这里也能够起到促进混合的作用。

涡量绝对值/10^5　0　2.5　5　7.5　10

(a) 工况1　　　　　　　　　　　　　　(b) 工况2

图 3.17　工况 1 和工况 2 中流场中心截面上的瞬态涡量和声速线分布云图

为了进一步研究流场中的燃料氧化剂混合情况, 定义全场混合效率如下[11]:

$$\eta_m = \frac{\dot{m}_{\text{fuel,mixed}}}{\dot{m}_{\text{fuel,total}}} = \frac{\int Y_{\text{fuel,react}} \rho U_X \, \mathrm{d}A}{\int Y_{\text{fuel}} \rho U_X \, \mathrm{d}A} \tag{3.3}$$

其中,

$$Y_{\text{fuel,react}} = \begin{cases} Y_{\text{fuel}}, & Y_{\text{fuel}} \leqslant Y_{\text{fuel,stoic}} \\ Y_{\text{fuel}}(1 - Y_{\text{fuel}}) / (1 - Y_{\text{fuel,stoic}}), & Y_{\text{fuel}} > Y_{\text{fuel,stoic}} \end{cases}$$

$Y_{\text{fuel,react}}$ 为在一个网格单元中能够参与化学反应的燃料质量分数; Y_{fuel} 为燃料质量分数; $Y_{\text{fuel,stoic}}$ 为化学恰当比时对应的燃料质量分数; $\dot{m}_{\text{fuel,mixed}}$ 为混合好的燃料质量流量; $\dot{m}_{\text{fuel,total}}$ 为总的燃料质量流量; ρ 和 U_X 分别代表密度和速度; A 为流向上某一点处的流向截面面积。

图 3.18 展示了工况 1、工况 2 和工况 7 中燃烧室内沿程的混合效率分布情况。由图可以看出, 在 $x=110\text{mm}$ 之前, 工况 1 中由于有更长的混合距离而混合得更加充分; 而从凹腔中部以后, 工况 1 中由于卷吸进入凹腔的燃料较少反而混合不如工况 2 中充分; 在 $x=130\text{mm}$ 的凹腔中部位置, 工况 2 展现了最快的混合效率增长趋势, 最后在燃烧室出口处达到了最大的混合效率 0.96。这表明凹腔上游燃料喷注距离越短, 喷注后的燃料混合过程越迅速, 并且在燃烧室中呈现出更均匀的混合。由于在超声速凹腔燃烧室中的化学反应主要集中在凹腔后壁面附近的剪切层中, 从图 3.18 中的结果也可以看出, 工况 2 相比于工况 1 要更加有利于点火后在整个燃烧室内的火焰稳定燃烧。

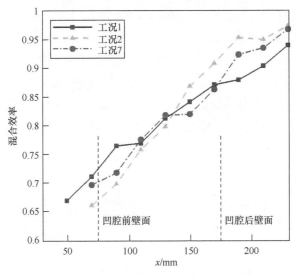

图 3.18 工况 1、工况 2 和工况 7 中燃烧室内沿程的混合效率分布

3.2.3 不同凹腔上游燃料喷注方案条件下的燃料输运与混合过程

本节将研究不同凹腔上游燃料喷注方案条件下的燃料输运及混合过程。首先仍针对本节的数值仿真方法进行对比验证。

图 3.19 和图 3.20 分别给出了工况 3 和工况 4 中燃烧室下壁面压力数值仿真结果和实验结果的对比。从整体上看，这两种工况下的数值仿真结果和实验结果都比较吻合，只有在凹腔后壁面及下游区域存在部分差异，而这种差异很可能是由燃烧室上壁面滑移边界条件设置以及燃烧室入口湍流边界条件设置不准确造成的。

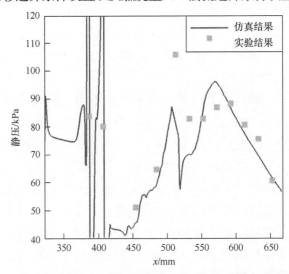

图 3.19 工况 3 中燃烧室下壁面压力数值仿真结果与实验结果的对比验证

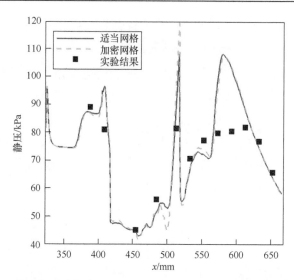

图 3.20　工况 4 的网格无关性验证及燃烧室下壁面压力曲线数值仿真与实验对比验证

图 3.20 还给出了工况 4 的网格无关性验证结果,加密后的网格量为 17536163。通过 3 个冷流通流的计算时间,两个网格量之间的壁面压力曲线并没有呈现较大差异,证明本节中网格绘制方法合理。因此,工况 4 采用网格量为 11690775 来开展计算。由于工况 3 的网格绘制方法和工况 4 相同,基于工况 4 的网格无关性验证结果,这里忽略对工况 3 的网格进行验证。

图 3.21 给出了工况 3 和工况 4 中瞬态乙烯质量分数为 0.15 时的等值面及其涡量分布,由图可以看出从燃料喷孔喷注以后,燃料射流上的涡量虽然逐渐降低但到达凹腔后壁面位置仍然保持一个较高的数值。随着燃料射流继续向下游发展,燃料射流不断破碎成小涡结构,表明随着涡的破碎会逐渐形成更加适宜的流动混合环境。对比工况 3 和工况 4 的燃料射流分布,能够明显看出工况 3 的射流穿透深度更大,燃料在主流中分布得更加广泛。此外,由于串联式燃料喷注方案在凹腔上游的两股射流直接撞击作用,在工况 3 凹腔前壁面上方就形成了大涡破碎结构,随后再不断破碎为小涡结构。相比之下,工况 4 并没有直接在凹腔前壁面附近呈现出明显的大涡破碎结构,而是逐渐破碎成小涡结构。从图 3.21 所示的乙烯等值面分布和涡量分布云图可以看出,凹腔上游串联式燃料喷注方案通过两股燃料射流的直接撞击相互作用,会直接起到混合增强的效果。

由于本节中网格尺寸比 3.2.2 节中的网格尺寸隔离段要长 20mm,故选取的三个流向特征截面的横坐标与 3.2.2 节中的不同,但这三个流向截面相对于凹腔前壁面的位置是相同的。本节中的三个流向特征截面具体位置参见图 3.11 中虚线所示。

图 3.22 展示了工况 3 和工况 4 中不同流向截面上瞬态乙烯质量分数和声速线分布,可以明显看到工况 3 采用串联式燃料喷注方案的燃料射流穿透度要更大,

会有更多的燃料分布在主流超声速区域。而工况 4 采用并联式燃料喷注方案则相对更多地分布在凹腔亚声速区域,尤其会在凹腔内部聚集形成一个局部富燃区域。

涡量绝对值/10^5　0　2.5　5　7.5　10

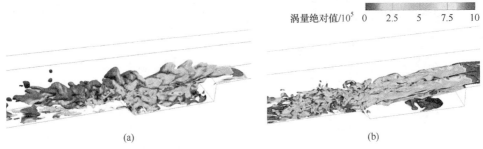

(a)　　　　　　　　　　　　　(b)

图 3.21　工况 3 和工况 4 中瞬态乙烯质量分数为 0.15 时的等值面及其涡量分布

$Y_{C_2H_4}$　0　0.25　0.5　0.75　1.0

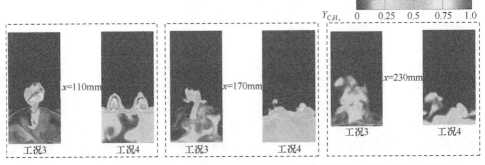

图 3.22　工况 3 和工况 4 中不同流向截面上瞬态乙烯质量分数和声速线分布云图

与图 3.22 相呼应,图 3.23 给出了工况 3 和工况 4 中流场中心截面上的时均乙烯质量分数和声速线分布云图。从图 3.23(a)中能够更明显地看出,30mm 处的燃料射流为后面 10mm 处燃料射流起到了一个类似盾牌的作用,阻挡了主流中的超声速来流,也相当于降低了来流动压,进而使得 10mm 处燃料射流的动压比升高,射流穿透深度也增加,更多地分布在燃烧室主流内。工况 4 中,在凹腔内部驻留了大量的燃料,这些燃料主要集中在凹腔的中部及后部,相比之下,工况 3 中并没有在凹腔内实现燃料的均匀分布。以上燃料分布的特点为这两种燃料喷注方案的点火与火焰稳定过程呈现出的差异埋下了伏笔[12,13]。

$Y_{C_2H_4}$　0　0.25　0.5　0.75　1.0

(a) 工况3　　　　　　　　　　(b) 工况4

图 3.23　工况 3 和工况 4 中流场中心截面上时均乙烯质量分数和声速线分布云图

图 3.24 展示了工况 3 和工况 4 中流场中心截面上的瞬态涡量和声速线分布,从湍流层面揭示这两种燃料喷注方案的差异。从中心截面的涡量分布上可以看出,

工况 3 中在基本整个凹腔的内部都存在很大涡量，而工况 4 中只在凹腔后壁面附近存在大的涡量分布。上述对比表明，在强迫点火以后，初始火焰在工况 3 的凹腔中会经历一个更强烈且持续时间更长的湍流耗散作用。结合图 3.23 中的燃料分布差异，能够从冷态流场分析得出，凹腔上游串联式燃料喷注方案并不利于点火，而凹腔上游并联式燃料喷注方案更加利于点火。在成功点火后的火焰稳定过程中，凹腔上游串联式燃料喷注方案会实现燃烧室内更大范围的燃烧，因此更加利于火焰稳定。

图 3.24   工况 3 和工况 4 中流场中心截面上瞬态涡量和声速线分布云图

图 3.25 定量给出了工况 3 和工况 4 中在燃烧室内沿程的混合效率分布情况。从这两个工况混合效率曲线的对比上，能够明显看出采用凹腔上游串联式燃料喷注方案时，两股燃料射流的相互撞击作用会起到显著的混合增强作用。图中工况 3 的曲线在凹腔前壁面处呈现出最大的增长梯度，表明这个区域是混合增强效应的主要作用区域。在燃烧室出口附近，工况 3 达到了最大 0.98 的混合效率，而工况 4 也实现了最大 0.95 的混合效率，这表明两个工况都基本实现了燃料完全充分的混合。图 3.25 中所揭示的这两种燃料喷注方案混合流场差异，会直接体现在成功点火后的火焰稳定过程。因此，从冷态流场的混合效率分析上也可以看出，凹腔上游串联式燃料喷注方案会更加利于火焰稳定过程。

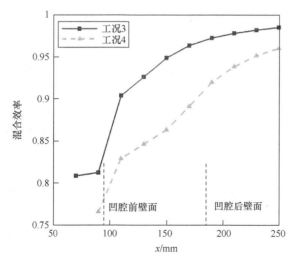

图 3.25   工况 3 和工况 4 中在燃烧室内沿程的混合效率分布

3.2.4 不同凹腔主动式燃料喷注方案条件下的燃料输运与混合过程

首先以工况 7 为例,开展了网格无关性和算例验证工作,对比了另一个加密网格的壁面压力结果,加密后的网格量为 12973865。对这两种网格量的算例各开展三个冷流通流时长的计算,具体结果如图 3.26 所示。从图中可以看出两种网格量网格的壁面压力曲线之间差异较小,并且都和实验结果符合得较好。因此,证明本节中网格绘制方法有效,所采用的数值求解器也可以获得和实验数据好对比的数据,验证了本节中数值模拟方法的适用性。

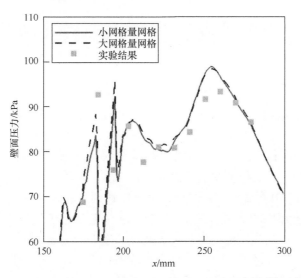

图 3.26　工况 7 算例的网格无关性验证以及燃烧室下壁面压力仿真与实验对比结果

首先对采用主动式燃料喷注方案的冷态流场进行仿真研究,图 3.27 给出了工况 5 和工况 6 中流场中心截面上的时均乙烯质量分数和声速线分布。从声速线的分布上可以看出,两个工况的亚声速区域范围大小相同。根据燃料质量分数分布云图可知,采用凹腔前壁面燃料喷注方案燃料会更多地在凹腔角回流区驻留,而采用凹腔后壁面燃料喷注方案燃料在凹腔后缘附近驻留较少,这可能是因为凹腔后壁面附近静压较高喷注压降相对较低,并且喷注出的燃料会更容易被主流超声速来流吹向下游。

图 3.28 展示了工况 5 和工况 6 中流场中心截面上的瞬态涡量和声速线分布,从湍流的角度上揭示了两种燃料喷注方案的差异。由图可以看出,两种燃料喷注方案都在凹腔后壁面附近涡量较大,由剪切层再附凹腔后壁面所致,而工况 6 由于燃料喷注的作用在后壁面的涡量分布尤为集中。即便是工况 5,这两种燃料喷注方案在凹腔角回流区内也没有较大的涡量分布。这表明在采用主动式燃料喷注方案的后缘突扩凹腔中,凹腔前壁面角回流区没有太大的湍流耗散作用,是一个

适宜点火后初始火焰形成和发展的区域。

(a) 工况5　　　　　　　　　　　　　(b) 工况6

图 3.27　工况 5 和工况 6 中流场中心截面上时均乙烯质量分数和声速线分布云图

(a) 工况5　　　　　　　　　　　　　(b) 工况6

图 3.28　工况 5 和工况 6 中流场中心截面上瞬态涡量和声速线分布云图

3.2.5　凹腔组合式燃料喷注方案的燃料输运与混合过程

下面以采用凹腔上游横向喷注和凹腔内后壁面顺流喷注相结合的组合喷注方式为例,对采用凹腔组合式燃料喷注方案的冷态流场开展数值仿真研究,首先分析该燃料喷注方案的燃料射流流动输运特性。

图 3.29 给出了工况 7 中不同流向截面上的瞬态乙烯质量分数和声速线分布,这三个流向特征截面的位置如图 3.12 所示。工况 7 和 3.2.2 节中的工况 2 相比,只是在凹腔后壁面位置多了一路凹腔主动喷注,其他喷注条件均相同。结合图 3.15 中工况 2 中的流向分布结果,可以看出在图 3.29 中,对于工况 7,在凹腔内 $x=110$mm 和 $x=170$mm 截面上,燃料驻留得更多,分布得更加均匀;而在凹腔下游 $x=230$mm 截面上,燃料射流穿透度要更高一些。

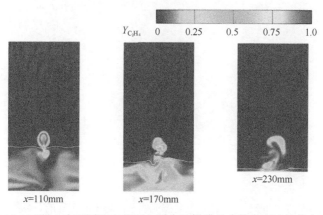

$x=110$mm　　　　　$x=170$mm

图 3.29　工况 7 中不同流向截面上瞬态乙烯质量分数和声速线分布云图

很好理解工况 7 中凹腔后壁面的燃料喷注肯定会使燃料在凹腔内更多地驻留，而凹腔下游燃料射流穿透深度的提高主要是由于凹腔后壁面燃料喷注的射流和凹腔上游横向喷注的燃料射流在凹腔后壁面附近相互撞击作用，起到了抬举燃料射流的作用。

图 3.30 给出了工况 7 中流场中心截面上的时均乙烯质量分数和声速线以及瞬态涡量和声速线分布。对比图 3.16 和图 3.17 中的工况 2，可以看出加入凹腔后壁面主动式燃料喷注以后，凹腔内明显驻留更多的燃料，并且凹腔后壁面处的涡量分布也更大，暗示凹腔后缘形成一个更强烈的湍流作用区域。

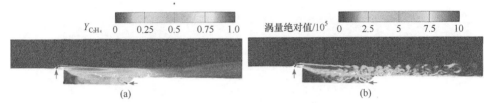

图 3.30　工况 7 中流场中心截面上时均乙烯质量分数和声速线以及瞬态涡量和声速线分布云图

为了进一步研究凹腔主动喷注方案对流场结构的影响，图 3.31 给出了工况 7 中凹腔后壁面附近的瞬态流线和流场中心截面的马赫数分布。由图可以明显地看出，在凹腔后壁面附近存在三个主要的回流结构，回流结构 2 和回流结构 3 在燃料射流周围生成，回流结构 1 在燃料射流前方生成。回流结构 1 是由于燃料射流和凹

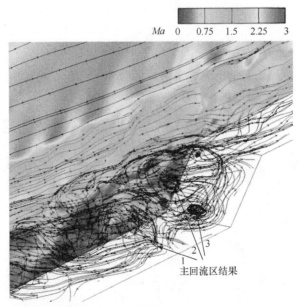

图 3.31　工况 7 中凹腔后壁面附近的瞬态流线和流场中心截面的马赫数分布云图[9]

腔内回流区结构相互作用生成的，该结构是由后壁面喷注出的燃料逐渐向剪切层方向输运产生，并进而引发了凹腔下游的燃料射流抬举作用。从马赫数分布云图上也可以看出，后壁面喷注出的燃料射流由于动压较低，并没有穿过凹腔剪切层。

工况 7 和工况 1、工况 2 中在燃烧室内沿程的混合效率分布对比见图 3.18。由于凹腔后壁面附近额外的燃料喷注，工况 7 的混合效率首先在凹腔后壁面附近表现出一种缓慢的增长，随后在两股燃料射流混合增强的作用下，沿着流向迅速增长并在燃烧室出口实现了和工况 2 相近的混合效率。从流场中燃料分布和混合的角度上讲，组合式燃料喷注方案是一种优化的燃料喷注方案。虽然这种组合式燃料喷注方案在工程上受限于燃料供应系统，但随着工程技术不断发展，将来会有更好的应用发展。

3.3　凹腔突扩构型对燃料输运与混合过程的影响

3.3.1　仿真工况设置

本书前面已经介绍了后缘突扩凹腔构型对于工程应用的意义。本节将针对不同后缘突扩凹腔的燃料输运及混合流场开展数值仿真分析研究。图 3.32 给出了工况 8 和工况 10 的计算域结构示意，其中工况 8 的计算域结构示意如图 3.32(a) 所示，工况 10 的计算域结构示意如图 3.32(b) 所示。

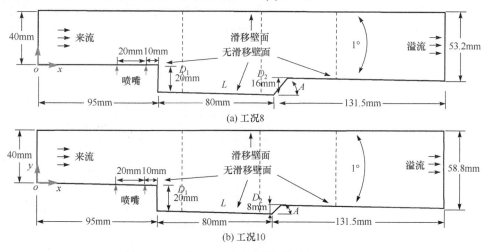

图 3.32　工况 8 和工况 10 的计算域结构示意图

本节中的网格算例展向两侧边界设置为周期性边界条件，网格展向长度取为 12.5mm。在图 3.32(a) 中，后缘突扩凹腔前壁面高度 D_1、后壁面高度 D_2、底壁长度 L 及后缘扩张角 A 分别为 20mm、16mm、80mm 和 45°。在图 3.32(b) 中，后缘突扩凹腔前壁面高度 D_1、后壁面高度 D_2、底壁长度 L 及后缘扩张角 A 分别为 20mm、8mm、80mm 和 45°。此外，工况 9 中后缘突扩凹腔前壁面高度、后壁面高度、底壁长度及后缘扩张角分别为 20mm、12mm、80mm 和 45°。这些凹腔构型的主要区别就在于后壁面高度，以及与之衔接的凹腔下游壁面。工况 9 的网格构型示意图和上述两个工况相似，在图 3.32 中就忽略了。为了进一步描述不同构型凹腔之间的差别，定义突扩率 ER 如下：

$$ER=\frac{D_1-D_2}{D_1} \tag{3.4}$$

在本节中，凹腔突扩率从 0.2 变化到 0.6。在这三个计算网格凹腔上游 10mm 和 30mm 处，分别有一个等效直径 1mm 的燃料喷孔坐落在流场中心平面，和实验件上在 30mm 和 10mm 处各有一个等效直径 1mm 的燃料喷孔相一致。

本节中工况 8、工况 9 和工况 10 的计算网格绘制方法和 3.2 节相似。在凹腔外部有 860×180×43 个网格单元，在凹腔内部有 380×80×43 个网格单元，总网格量为 7790664。考虑到本节超声速来流中的壁面应力 τ_w，核心区域的网格解析度为 $\Delta x^+\approx1\sim60$、$\Delta y^+\approx1\sim40$ 和 $\Delta z^+\approx20\sim60$。

本节仿真计算的求解器为 scramjetFoam，采用亚格子一方程模型进行大涡模拟计算，计算中全局 CFL 数始终保持在 0.3 以下，相应的计算物理时间在 1×10^{-8}s 量级，每个算例各开展了 10 个计算通流时间。

在展向 z 上，采用周期性边界条件。燃烧室底壁采用无滑移壁面边界条件，燃烧室上壁面采用滑移壁面边界条件。燃烧室入口和燃料喷孔设置为压力入口边界条件，燃烧室出口设置为压力出口边界条件。各压力入口参数选取实验中典型参数设定而来，湍流度设定为 5%，如表 3.5 所示。

表 3.5　本节中各工况喷孔和来流空气的数值仿真边界条件

参数	来流空气	工况 8～10
T_0/K	1530	300
P_0/MPa	2.6	2.0
Ma	2.92	1.0
Y_{O_2}/%	23.3	0.0
Y_{H_2O}/%	5.9	0.0
Y_{CO_2}/%	9.6	0.0
Y_{N_2}/%	61.2	0.0
$Y_{C_2H_4}$/%	0.0	100.0
Φ		0.30

3.3.2　凹腔构型对燃料输运及混合流场的影响

在相同燃料喷注压力和当量比条件下，开展了工况 8、工况 9 和工况 10 三个仿真算例，以研究凹腔构型对燃料输运及混合流场的影响。

图 3.33 和图 3.34 分别展示了本节中工况 9 和工况 10 中燃烧室下壁面压力数值仿真结果和实验结果对比情况，从曲线变化趋势上能够看出仿真结果和实验结果符合得比较好。其中，在凹腔上游喷孔附近的压力大幅振荡是由燃料喷注引起壁面边界层分离所引起的，而工况 10 中在凹腔下游 $x=270\text{mm}$ 处的误差很可能是

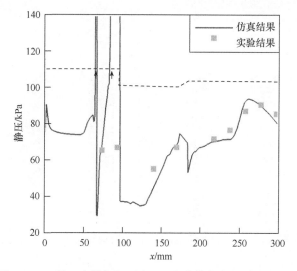

图 3.33　工况 9 中燃烧室下壁面压力数值仿真与实验对比[14]

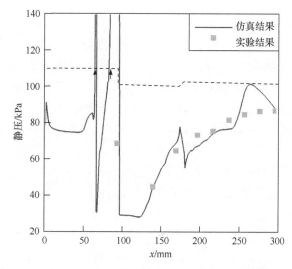

图 3.34　工况 10 中燃烧室下壁面压力数值仿真与实验对比[14]

由上壁面滑移边界条件设置导致的。但从这两幅图总体趋势上看，本节数值仿真的结果能够用来研究不同凹腔构型条件下的燃料输运及混合过程。

图 3.35 展示了工况 8、工况 9 和工况 10 中不同流向截面上的时均局部当量比和化学恰当比线分布，三个流向特征截面的位置如图 3.32 中虚线所示。对比这三个工况，可以看出在相同流向截面上，从工况 8 到工况 10，有越来越多的燃料从分布在主流超声速区域变化到凹腔内亚声速区域。这说明在相同凹腔上游喷注条件下，降低凹腔后缘高度会导致凹腔剪切层的位置随之降低，继而在剪切层的作用下会有更多的燃料卷吸到凹腔内部。

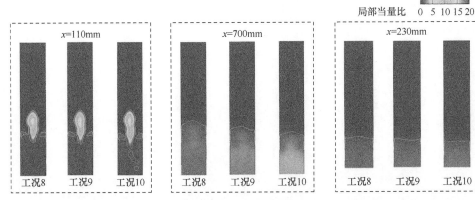

图 3.35　工况 8、工况 9 和工况 10 中不同流向截面上时均局部当量比和化学恰当比线分布云图

按照常规设想，降低凹腔后壁面高度相当于缩小凹腔容积，在上游燃料喷注设置不变的条件下，燃料质量卷吸应该随之减小。但通过上述发现可知，在降低凹腔后壁面高度以后，真实的燃料输运过程受剪切层位置偏折的影响很大。图 3.36 进一步展示了三个工况中流场中心截面上时均局部当量比和化学恰当比线分布，图中的燃料分布结果和上述图 3.35 的分析相符。由图可以看出，每个工况的燃料卷吸主要依靠剪切层的作用，并且在凹腔后缘位置燃料卷吸现象更加明显。从工况 8 变化到工况 10，能够更明显地看出燃料射流在流过凹腔前壁面位置以后向凹腔内部发生明显倾斜，进而在凹腔后缘形成了一个局部富燃环境。

图 3.37 给出了时均的燃料卷吸质量流量沿流向变化曲线，以定量阐述上述现象。穿过凹腔开口处的燃料质量流量定义为 $m_{fuel}=\rho Y_{fuel}(U_x\sin\beta+U_y\cos\beta)$，其中 β 是凹腔的前后壁面扩张角度，如图 3.37 所示。燃料质量流量的负值代表卷吸进入凹腔，而正值代表燃料流出凹腔。

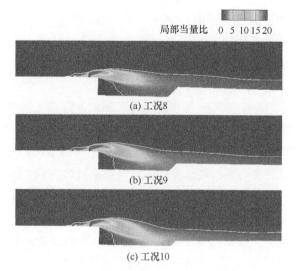

图 3.36　工况 8、工况 9 和工况 10 中流场中心截面上时均局部当量比和化学恰当比线分布云图

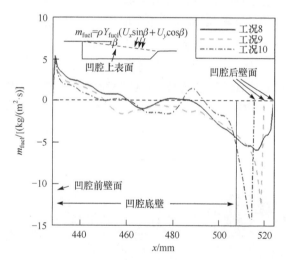

图 3.37　凹腔开口处时均的燃料卷吸质量流量沿流向分布变化曲线

从图 3.37 中可以明显看出，燃料在凹腔的中后缘卷吸进入凹腔，由于凹腔内质量守恒，燃料在凹腔前缘流出凹腔。凹腔的后壁面高度越低，图中燃料卷吸质量流量的峰值也就越大，这也就解释了为什么在这种构型下凹腔内部局部当量比会越大。

在整个 10 个通流时长(0.004s)中，通过积分凹腔开口以下的内部区域乙烯质量可以求出凹腔内部的净卷吸量分别为：工况 8 为 0.0096g，工况 9 为 0.0176g，工况 10 为 0.0136g。由此可以看出，凹腔内部的燃料质量既受到凹腔容积的影响，又受到燃料质量分数的影响。此外，不难发现降低凹腔后壁面高度以后，在凹腔容积减小和燃料卷吸量增多之间存在一个竞争机制，并相应存在一个使凹腔内燃料质量最大的优化凹腔构型。在本节中，这个优化的凹腔构型的突扩率约为 0.4。

为了探究降低后缘突扩凹腔后壁面高度后凹腔上游燃料卷吸会增多的现象原因，对比了凹腔局部不同工况下沿 x、y 方向时均速度云图和声速线分布以及沿 x 方向时均速度流线，如图 3.38 所示。从图 3.38(b) 中可以看出，在凹腔前缘附近产生了一道非常明显的膨胀波，气流穿过膨胀波以后速度方向急剧垂直向下发生偏折，在凹腔前缘产生的膨胀波和凹腔剪切层之间会形成一个非常明显的 y 轴负方向速度区域。随着凹腔突扩率增加，即从工况 8 到工况 10，凹腔前缘产生的膨胀波越来越强，在该 y 轴负方向速度区域中 y 轴负方向速度绝对值大小也要明显升高。从图 3.38(a) 中可以看出，凹腔回流区内的速度明显比主流超声速气流中小，x 轴负方向速度代表了回流结构，可以发现凹腔回流区结构也随着凹腔后壁面高度的降低而逐渐减小。从图 3.38(c) 中同样也可以看出凹腔回流区结构，随着突扩率的增大，凹腔回流区在 y 轴方向上被进一步压缩并形成了一个在角回流区驻留的小型回流涡结构。由于后缘突扩凹腔前后壁面的深度不一样，不能像常规凹腔构型那样定义凹腔长深比，因此后缘突扩凹腔的流动模态界定仍有待进一步研究。根据 Ben-Yakar[10] 的理论，工况 10 的凹腔流动模态已经属于一个典型的闭式凹腔模态。这意味着降低凹腔后缘高度相当于降低了凹腔长深比，凹腔构型类似于一个超声速后向台阶。

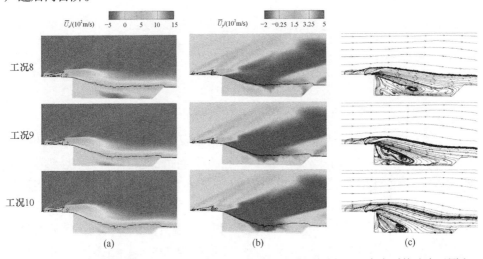

图 3.38　工况 8、工况 9 和工况 10 中流场中心截面上凹腔局部沿 x、y 方向时均速度云图和声速线分布以及时均速度流线图

　　由此可见，产生上述现象的原因为：降低后缘突扩凹腔后壁面高度以后，流场在凹腔前缘处发生明显突扩，超声速主流会膨胀进入到多出的扩张区域，而凹腔剪切层也会随之发生膨胀并向凹腔底壁发生偏折。由于燃料卷吸主要发生在凹腔剪切层中[15]，所以燃料输运的轨迹会随之发生偏折，并更多地卷吸进入凹腔中。这也意味着相比于常规构型凹腔燃烧室，在后缘突扩凹腔燃烧室中凹腔上游喷注的燃料会随着主流超声速气流的突扩效应更多地卷吸到凹腔中。

　　图 3.39 更加直观地给出了三个不同工况的燃料射流在燃烧室中的空间分布以及射流表面的涡量分布情况，从三维空间分布结果上印证了由主流超声速气流突扩效应引起的燃料卷吸增多现象。对比这三个工况可以发现，工况 8 在凹腔后壁面附近大涡结构会更多地逐渐破碎并且涡量数值也要更大，这暗示工况 8 会表现出一个更加明显的混合增强过程，在后面的图 3.42 中也会得到验证。

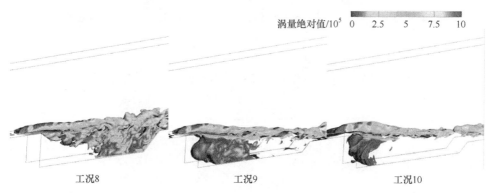

图 3.39　工况 8、工况 9 和工况 10 中瞬态乙烯质量分数为 0.15 时的等值面及其涡量分布云图

　　接下来，图 3.40 和图 3.41 将从湍流脉动角度上分析上述不同工况之间的差异。从图 3.40 中的涡量分布可以看出，工况 10 中凹腔内部的涡量分布范围要更大，并且在凹腔中后部涡量较为集中，其数值也更大。图 3.41 中的标量耗散率能够更好地衡量出流场中的湍流耗散作用，可以看出工况 10 的标量耗散率分布整体更加向凹腔内部倾斜，这表明降低凹腔后缘高度以后，凹腔内部会形成更加复杂的湍流流动，湍流耗散作用也会更加强烈。

　　在低后壁面高度的后缘突扩凹腔中，凹腔回流区结构缩小，凹腔回流区会更容易受到主流中超声速气流的影响，并且在凹腔内部会经历更加严峻的湍流耗散作用。这意味着易于点火和燃烧过程的低速回流结构缩小，也相当于火焰稳定过程中凹腔起到的持续点火热源会相对减弱，进而会影响到随后的点火和火焰稳定过程。

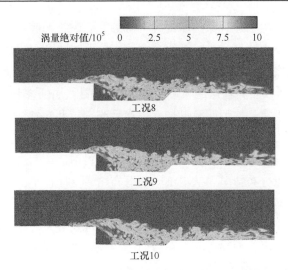

图 3.40　工况 8、工况 9 和工况 10 中流场中心截面上瞬态涡量分布云图

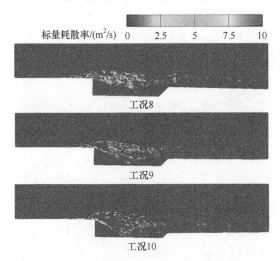

图 3.41　工况 8、工况 9 和工况 10 中流场中心截面上瞬态标量耗散率分布云图

　　图 3.42 给出了工况 8、工况 9 和工况 10 中燃烧室内沿程的混合效率分布。可以看出这三个工况下的混合效率在通过凹腔前壁面附近变化趋势相似,并且都在凹腔下游实现了均匀充分的混合。然而,各个工况的混合效率从凹腔中部开始则呈现出不同的变化趋势,即凹腔后壁面高度越低,混合效率也相应越低。因此,从混合的角度上讲,降低凹腔后壁面高度并不利于燃料氧化剂的混合,进而点火后凹腔内的燃烧温度也会随之降低。由于在这种凹腔构型下凹腔回流区尺寸也相应减小,一个更小的热气体回流区结构以及凹腔内更低的燃烧温度就进一步加剧了火焰稳定过程中的不充分燃烧现象。

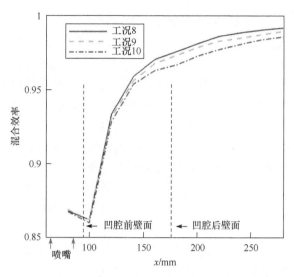

图 3.42　工况 8、工况 9 和工况 10 中混合效率沿流向分布曲线

综上所述，在降低后缘突扩凹腔的后壁面高度后，虽然凹腔上游燃料会更多地卷吸进入凹腔，但在凹腔内部强迫点火时，初始火焰会经历一个更加严峻的湍流耗散作用，从而不利于点火过程；由于超声速主流中分布的燃料射流随之减少，并且凹腔回流区结构缩小不能提供适宜的低速回流环境，凹腔稳焰效果会随之下降，燃烧室主流中的燃烧释热也会不断降低，因此也不利于火焰稳定过程。

3.4　本 章 小 结

本章以超声速来流条件下凹腔稳焰器的燃料输运与混合过程为研究对象，采用大涡模拟的数值仿真方法，辨析了凹腔中的燃料输运与混合流场结构特征，并重点对燃料喷注动量比、凹腔上游喷注距离、凹腔上游燃料喷注方案、凹腔主动式燃料喷注方案、凹腔组合式燃料喷注方案以及凹腔突扩构型对燃料输运与混合过程开展了研究分析，得到的主要结论如下：

(1) 凹腔上游燃料喷注距离越长，分布在主流超声速区域的燃料射流越多，燃料分布也更加广泛；凹腔上游燃料喷注距离越短，分布在凹腔内亚声速区域的燃料射流越多，凹腔剪切层卷吸效果更加明显；凹腔上游燃料喷注距离的不同会给燃料的流动输运过程带来显著差别，但并不会显著改变流场中的混合效果。

(2) 采用凹腔上游串联式燃料喷注方案时，燃料会更多地分布在主流超声速区域；而采用凹腔上游并联式燃料喷注方案时，燃料则相对更多地分布在凹腔内亚声速区域，进而在凹腔内部聚集形成一个局部富燃区域；采用凹腔上游串联式燃料喷注方案通过两股燃料射流的相互撞击，会提高燃料射流的穿透度进而实现燃料更大范围的流动输运，并会在燃烧室内起到显著的混合增强作用。

(3) 采用凹腔组合式燃料喷注方案不但会使凹腔内部驻留更多的燃料，而且在凹腔主动式喷注和凹腔上游横向喷注相互作用下，会抬举凹腔下游的燃料射流，实现整个燃烧室内的均匀分布；此外，两股燃料射流的相互作用会起到促进混合的作用，同样会在燃烧室内实现均匀充分的混合。

(4) 降低凹腔后缘高度会在燃烧室内形成更大的突扩空间，主流超声速来流经过凹腔前缘产生的膨胀波后发生明显偏折，迫使燃料射流的输运轨迹随着凹腔剪切层的位置发生偏折，继而在这种凹腔突扩效应的作用下会有更多的燃料卷吸进入凹腔内部；此时存在一个使凹腔内燃料质量最大的优化凹腔构型，在本书研究中这个优化的凹腔构型的突扩率约为 0.4。

(5) 降低凹腔后壁面的高度后，凹腔回流区结构会随之减小，凹腔流动模态进一步向闭式凹腔发生转变，凹腔内部的湍流耗散作用也会更加强烈，并且不利于燃料与氧化剂的充分混合。

参 考 文 献

[1] Zhang Y X, Wang Z G, Sun M B, et al. Hydrogen jet combustion in a scramjet combustor with the rearwall-expansion cavity[J]. Acta Astronautica, 2018, 144: 181-192.

[2] 杨揖心. 后缘突扩型凹腔超声速流动模式与稳焰机理研究[D]. 长沙: 国防科技大学, 2018.

[3] Cai Z, Wang Z G, Sun M B, et al. Effect of combustor geometry and fuel injection scheme on the combustion process in a supersonic flow[J]. Acta Astronautica, 2016, 129: 44-51.

[4] 蔡尊, 王振国, 李西鹏, 等. 基于超声速气流中凹腔主动喷注的强迫点火方案研究[J]. 推进技术, 2015, 36(8): 1186-1192.

[5] 蔡尊, 王振国, 孙明波, 等. 超声速气流中凹腔主动喷注的强迫点火过程实验研究[J]. 推进技术, 2014, 35(12): 1661-1668.

[6] 蔡尊, 王振国, 孙明波, 等. 基于高速摄影图像处理统计分析的点火过程试验[J]. 航空动力学报, 2016, 31(5): 1105-1112.

[7] 蔡尊. 超声速后缘突扩凹腔燃烧室中的点火与火焰稳定过程研究[D]. 长沙: 国防科技大学, 2018.

[8] Cai Z, Sun M, Wang Z. Large eddy simulation of the flow structures and mixing fields in a rear-wall-expansion cavity[C]. The 9th Asian Joint Conference on Propulsion and Power, Xiamen, 2018.

[9] Cai Z, Liu X, Gong C, et al. Large eddy simulation of the fuel transport and mixing process in a scramjet combustor with rearwall-expansion cavity[J]. Acta Astronautica, 2016, 126: 375-381.

[10] Ben-Yakar A, Hanson R K. Cavity flame-holders for ignition and flame stabilization in scramjets: An overview[J]. Journal of Propulsion and Power, 2001, 17(4): 869-877.

[11] Riggins D W, Mcclinton C R. A computational investigation of mixing and reacting flows in supersonic combustors[C]. The 30th Aerospace Sciences Meeting and Exhibit, Reno, 1992.

[12] Cai Z, Zhu J J, Sun M B, et al. Spark-enhanced ignition and flame stabilization in an ethylene-fueled scramjet combustor with a rear-wall-expansion geometry[J]. Experimental Thermal and Fluid Science, 2018, 92: 306-313.

[13] Cai Z, Zhu X B, Sun M B, et al. Experiments on flame stabilization in a scramjet combustor with a rear-wall-expansion cavity[J]. International Journal of Hydrogen Energy, 2017, 42: 26752-26761.

[14] Cai Z, Sun M B, Wang Z G, et al. Effect of cavity geometry on fuel transport and mixing processes in a scramjet combustor[J]. Aerospace Science and Technology, 2018, 80: 309-314.

[15] Liu C Y, Zhao Y H, Wang Z G, et al. Dynamics and mixing mechanism of transverse jet injection into a supersonic combustor with cavity flameholder[J]. Acta Astronautica, 2017, 136: 90-100.

第 4 章　凹腔中的点火过程

当超燃冲压发动机工作在低马赫数来流条件下时，燃烧室内的来流总温较低，还不足以达到燃料的自点火所需温度，这时需要在外部能量的激励下开展强迫点火。前面已经提到，点火往往是在凹腔稳焰器所形成的回流区内进行，而对于在工程上一般采用的带有后缘突扩的凹腔构型，由于它具有的结构特点，即剪切层向凹腔底壁发生偏折、凹腔回流区结构缩小、回流区内部湍流耗散作用增强，给凹腔内的强迫点火过程带来了难度和挑战[1]。本章以喷注气态乙烯的后缘突扩凹腔稳焰器中的强迫点火过程为研究对象，采用聚能火花塞点火和激光诱导等离子体(laser-induced plasma, LIP)点火两种强迫点火方式，系统研究带有后缘突扩凹腔构型的燃料喷注方案、凹腔构型、点火位置对强迫点火过程的影响，讨论凹腔点火机理和强迫点火模式，并分析强迫点火源的作用过程。

4.1　燃料喷注方案对强迫点火过程的影响

4.1.1　实验方案设计

本节中的实验系统已经在第 2 章中详细介绍过，这里不再赘述。在本节的研究中，选择常温气态乙烯作为燃料以研究点火过程。如图 4.1 所示，下壁面将安装凹腔稳焰器，从凹腔前缘顶点起算，燃烧室流向总长度为 337mm，展向宽度为 50mm，燃烧室入口高度为 40mm，在出口处扩张为 55mm。燃烧室侧面上安装两块长 148mm、宽 90mm 的石英玻璃，凹腔顶部安装一块长 162mm、宽 38mm 的石英玻璃。燃烧室中的凹腔是一个典型的后缘突扩凹腔，凹腔前缘和凹腔后缘的高度差使得燃烧室下壁面直接从凹腔后缘开始扩张，凹腔上游壁面和凹腔下游壁面平行，扩张角度均为 1°。

如图 4.2 所示，后缘突扩凹腔的宽度、前缘高度、后缘高度及扩张角分别为 50mm、20mm、10mm 和 45°。凹腔上游有 6 个直径为 2mm 的燃料喷孔，分别位于距离凹腔前壁面 10mm 和 30mm 处，燃料喷注方向垂直于凹腔底壁。凹腔前壁面和凹腔后壁面分别有一个 1mm 的燃料喷孔，喷注方向平行于凹腔底壁。本节中燃料喷孔位置设置如图 4.2 所示。此外，在凹腔底壁中心处设置一个火花塞安装孔，在实验中可以安装聚能火花塞以实现强迫点火。在实验中，聚能火花塞点火装置是由一个聚能火花塞和一台电容放电式点火器组成，火花塞单次激发能量为 4.5J，激发频率为 100Hz，通常一次激发可以持续 1ms 时间。

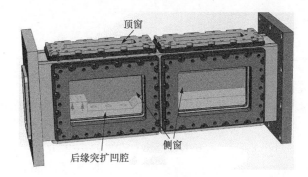

图 4.1　后缘突扩凹腔稳焰器示意图

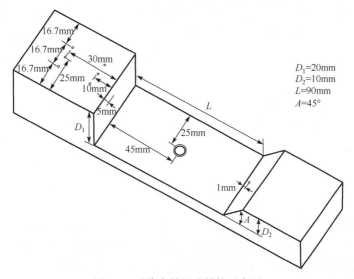

图 4.2　后缘突扩凹腔结构示意图

在流场观测手段方面，采用一台(FASTCAM SA-X2 型)高速摄影机加装一个 f/1.4 的 50mm 定焦尼康镜头对火焰传播过程进行拍摄。为了能够清晰地分辨出点火过程，高速相机拍摄速度设置为 20000 帧/s，快门速度 1/20670s，分辨率为 1024×512 像素。通过在相机镜头前加装一个中心波段为 431nm、带宽为 10nm 的滤光片，可以实现 CH*基自发辐射的观测和拍摄。此外，流场中静压通过 32 个安装在燃烧室底壁上的测压阀即时采集，采集频率为 100Hz。这套压力扫描阀的测量误差为±0.5%。

针对不同的燃料喷注方案，在相同强迫点火方式和当量比条件下，研究点火后初始火核的形成与初始火焰的传播差异，从而得出燃料喷注方案对凹腔点火过程的影响，进而可获得优化的燃料喷注方案。

4.1.2　聚能火花塞点火

1. 凹腔上游燃料喷注方案

凹腔上游燃料喷注方案为超燃冲压发动机工程应用中最常见的燃料喷注方案，具有喷注燃料质量流量大、利于全场燃烧组织、加工结构简单等优点。

图 4.3 给出了最典型的两类凹腔上游燃料喷注方案。图中，方案 A 为在凹腔上游 10mm 处有两个直径 2mm 燃料喷孔的燃料喷注方案，两个喷孔间距为 16.7mm，将燃烧室沿展向三等分；方案 B 为在凹腔上游 10mm 和 30mm 流场中心截面处各有一个直径为 2mm 燃料喷孔的燃料喷注方案。在有限喷孔数量(2 个)条件下，这两种燃料喷注方案可以代表现有常规的凹腔上游燃料喷注方案形式，可以将方案 A 理解为并联式燃料喷注方案,将方案 B 理解为串联式燃料喷注方案。

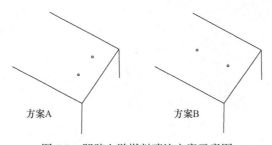

图 4.3　凹腔上游燃料喷注方案示意图

本节针对上述两种燃料喷注方案分别开展了四个当量比的火花塞点火实验，每一个工况均至少重复两次以保证所开展点火实验的可重复性，具体开展的工况如表 4.1 所示。表 4.1 中 P_i 为燃料喷注的总压，Φ 为全局当量比。

表 4.1　凹腔上游燃料喷注方案点火工况

实验工况	P_i/MPa	Φ	点火情况	实验工况	P_i/MPa	Φ	点火情况
A-1	0.63	0.13	√	B-1	0.60	0.12	×
A-2	1.07	0.21	√	B-2	1.00	0.20	×
A-3	1.42	0.28	√	B-3	1.35	0.27	√
A-4	2.39	0.48	√	B-4	2.33	0.47	√

由表 4.1 中的点火状态可以看出，方案 A 的四个工况均实现了成功点火，而

方案 B 只有在高当量比的两个工况实现了成功点火，而相对较低当量比的两个工况均点火失败。点火统计结果表明，在相同燃料喷注当量比条件下，方案 A 要比方案 B 更容易在凹腔稳焰器中实现可靠的火花塞点火。为了进一步对比两种燃料喷注方案的差异，选取均实现成功点火的工况 A-3 和工况 B-3，对比点火后的初始火焰传播过程如图 4.4 和图 4.5 所示。

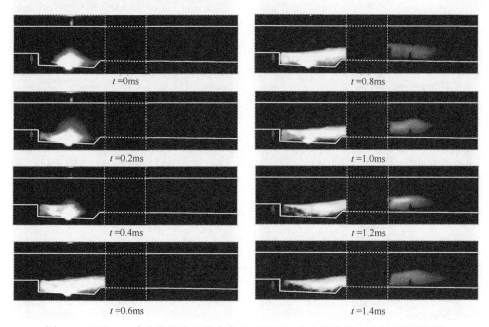

图 4.4　工况 A-3 中在聚能火花塞点火方式下的初始火焰传播过程高速摄影图像

　　图 4.4 和图 4.5 分别给出了工况 A-3 和工况 B-3 中在聚能火花塞点火方式下的初始火焰传播过程高速摄影图像。从图 4.4 中可以看出，工况 A-3 在火花塞点火以后，在 t=0.2ms 时凹腔前缘附近就出现了明显的初始火焰，在 t=0.6ms 时初始火焰开始穿过凹腔剪切层，随后在 t=0.8ms 时初始火焰传播到发动机燃烧室的最右侧边缘。再从图 4.5 中对比看工况 B-3，火花塞点火后要经历一个相对更缓慢的初始火焰传播过程，在 t=0.4ms 时在凹腔前缘出现初始火焰，随后初始火焰在凹腔内部自持并逐渐发展，直到 t=1.6ms 时凹腔内的火焰开始穿过凹腔剪切层，最后在点火后 t=2.0ms 时初始火焰才传播到发动机燃烧室的最右侧边缘。上述两个工况全局火焰的锥角和距凹腔前缘的距离也均不相同。

　　通过对比当量比相同两个工况的点火过程，可以发现在聚能火花塞点火方式下，强迫点火后都会在凹腔内形成初始火核进而发展成初始火焰。同时可以明显观察出，凹腔上游并联式燃料喷注方案相比于凹腔上游串联式燃料喷注方案要更加利于点火后初始火焰的传播，会用更短的时间在燃烧室内形成稳定的全局火焰。

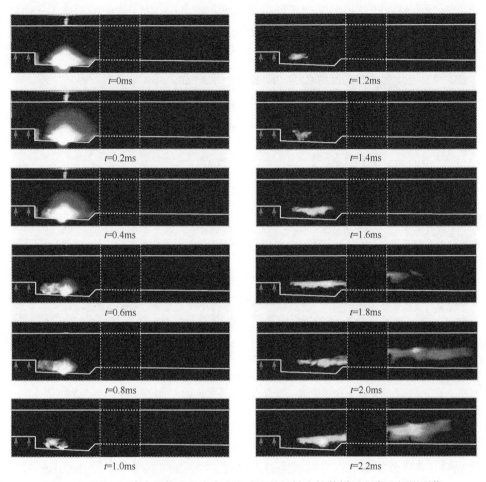

图 4.5　工况 B-3 中在聚能火花塞点火方式下的初始火焰传播过程高速摄影图像

2. 凹腔内部主动式燃料喷注方案

凹腔内部主动式燃料喷注方案是更侧重于学术研究的一种燃料喷注方案[2]，由于燃料可以直接喷注到凹腔内部，因而可以主动地控制凹腔内燃料当量比分布，有利于实现点火和火焰稳定过程。

图 4.6 给出了本节所研究的凹腔内部主动式燃料喷注方案示意图。图中，方案 C 为在凹腔前壁面上顺着主流方向喷注燃料，方案 D 为在凹腔后壁面上逆着主流方向喷注燃料。由于主动式燃料喷注方案会直接将燃料聚集在凹腔内，凹腔内出现局部富燃，不利于点火和火焰稳定。因此，一般在凹腔内部的燃料喷

孔设置的孔径均较小，本节中凹腔外部喷孔孔径为 2mm，而凹腔内部的喷孔孔径为 1mm。

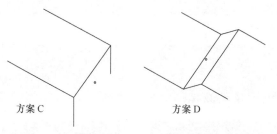

方案 C　　　　　　　　　　　　　　　方案 D

图 4.6　凹腔内部主动式燃料喷注方案示意图

　　针对凹腔内部燃料喷注方案下的点火工况，对每个方案各开展三个当量比的实验，每一个工况同样重复了至少两次以确保点火实验的可重复性，具体实验结果见表 4.2。可以发现方案 C 在三个当量比下都实现了成功点火，而方案 D 在低当量比工况下点火失败，在另两个高当量比条件下都实现了成功点火。

表 4.2　凹腔内部主动式燃料喷注方案点火工况

实验工况	P_i/MPa	Φ	点火情况	实验工况	P_i/MPa	Φ	点火情况
C-1	1.47	0.04	√	D-1	1.50	0.04	×
C-2	1.97	0.05	√	D-2	1.96	0.05	√
C-3	2.91	0.07	√	D-3	2.95	0.07	√

　　图 4.7 和图 4.8 分别给出了在全局当量比 0.05 条件下，工况 C-2 和工况 D-2 中，在聚能火花塞点火方式下的初始火焰传播过程高速摄影图像。可以看出在相同时刻，两个工况的初始火焰发展过程很相似，在最终 t=1.4ms 两个工况也都实现了凹腔内的火焰稳定。对比看图 4.4 和图 4.5 中的初始火焰传播过程，能够明显发现，采用凹腔上游燃料喷注方案相比采用凹腔内部主动式燃料喷注方案火花塞点火后初始火焰的发展更快，而这主要是由本节中喷孔设置和当量比不同所导致的。

　　在聚能火花塞点火方式下，凹腔内部主动式燃料喷注方案点火后初始火焰发展过程差异并不明显。由于聚能火花塞能量释放很强，在 1ms 的作用时长里产生的辉光也很耀眼，会掩盖住一些初始火核的形成与传播的过程。下一步将结合激光激发时间短、辉光瞬间消失的特点，利用 LIP 点火方式对不同燃料喷注方案开展点火实验研究，以进一步讨论凹腔主动式燃料喷注方案的强迫点火过程差异。

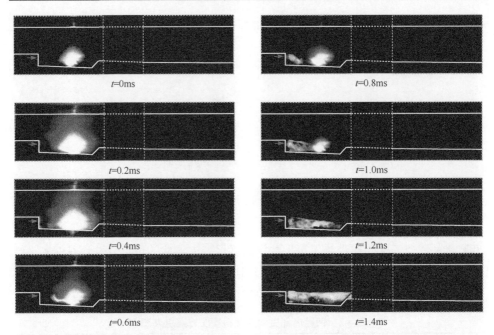

图 4.7 工况 C-2 中在聚能火花塞点火方式下的初始火焰传播过程高速摄影图像

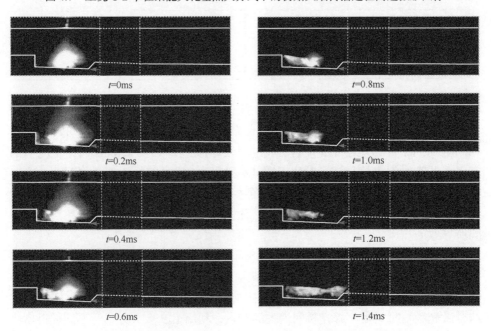

图 4.8 工况 D-2 中在聚能火花塞点火方式下的初始火焰传播过程高速摄影图像

4.1.3　激光诱导等离子体点火

图 4.9 为 LIP 点火实验的光路实物图和示意图。在实验中,激光点火光源为一台双频 Nd:YAG(spectra physics, Pro-250)激光器,产生激光波长为 532nm±10nm。激光器放置在实验台隔壁的超净间,实验时通过墙上的孔洞将激光引进到实验台,再通过三块高反镜(HR)和一块球面凸透镜(SL, f = 130mm)将激光聚焦到燃烧室流场中心截面,激光焦点在凹腔底壁上方 1mm 距离凹腔后缘 15mm 处[3]。

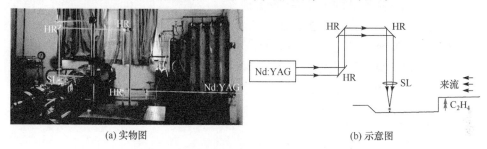

(a) 实物图　　　　　　　　　　　　(b) 示意图

图 4.9　LIP 点火实验的光路实物图和示意图

图 4.10 给出了静止空气中的 LIP 特性,其中图(a)为空气中的 LIP 激发光谱,图(b)为 LIP 能量吸收效率。如图 4.10(a)所示,在 532nm 附近最强的谱线是由激光所产生的,并且利用这个波段来激发诱导产生等离子体。N^+原子、H 原子和 O 原子的波长特性也能够从图 4.10(a)展示出来。国外学者 Brieschenk 等[4]的研究表明,被 LIP 诱导产生的 N^+原子、H 原子和 O 原子能够起到促进化学反应的作用,进而对点火过程有利。由于 LIP 点火也会产生显著的热效应,在 LIP 周围的空气会迅速被加热到一个较高的温度,这也对创造一个强化点火的环境十分有利。

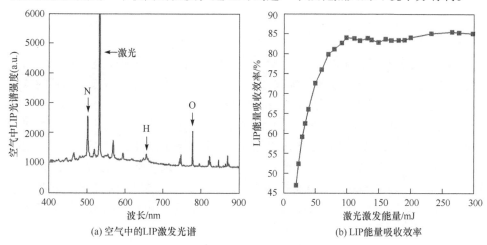

(a) 空气中的LIP激发光谱　　　　　　　　(b) LIP能量吸收效率

图 4.10　LIP 在静止空气中特性研究

为了进一步衡量被 LIP 吸收的能量,LIP 能量吸收效率η定义如下:

$$\eta = \frac{E_L - E_T}{E_L} \times 100\% \tag{4.1}$$

其中，E_L 为激光激发能量；E_T 为可以在静止空气中测量的激光聚焦后所剩余的激光能量。

如图 4.10(b)所示，LIP 能量吸收效率 η 随着激光激发能量的增长从 47%增长到 85%。与此同时，当激光的激发能量大于 110mJ 时，LIP 能量吸收效率 η 就固定在 83%左右。在本节的实验中，激光激发能量都固定在 300mJ，根据图 4.10(b)所揭示的规律，据估计约有 250mJ 能量被激光诱导产生的等离子体所吸收。

本节对方案 A-3、B-3、C-2 和 D-2 重新开展了 LIP 点火实验，每个工况仍至少重复两次以尽量消除点火随机性的影响。除了方案 B-3 点火失败以外，其他三个工况均再次实现了可靠的点火。

1. 凹腔上游燃料喷注方案

相比于聚能火花塞点火方式，LIP 点火方式作用能量较小，目前还不利于点火工程应用。但 LIP 点火方式具有作用时间短、能量可控、对流场干扰小等优点，非常适合开展点火机理的研究。在本节的 LIP 点火研究中，高速摄影机采集频率设置为 50kHz，相应的曝光时间为 18μs。在本书中，初始火核相比于初始火焰更强调点火瞬间所产生的等离子基团化的反应区域，而初始火焰更强调点火后存在的反应区域。

图 4.11 展示了工况 A-3 中在 LIP 点火后从火核发展成全局火焰的 CH*基自发辐射图像。由图可知，利用 LIP 在凹腔后缘点火以后，初始火焰也直接在凹腔后缘驻留并增长，最终在 LIP 点火后 1160μs 时间内形成一个稳定的全局火焰。仔细观察可以发现，在 LIP 点火后 180μs 到 1040μs，初始火焰的 CH*基自发辐射信号非常弱且无法捕捉，以至于看起来像火焰熄灭了。然而初始火焰并没有消失，并于 1060μs 时在凹腔后缘再现，且在最后的 100μs 内直接从凹腔后缘发展成全局火焰。对于 LIP 点火后 180μs 到 1040μs 的物理过程，有可能是没有被观测到的低温化学反应，有待于开展更精细的光学观察研究。

如图 4.12 所示，对于工况 B-3 中的 LIP 点火失败过程，初始火焰在 LIP 点火后 100μs 时完全消失，火焰熄灭。在相同的全局当量比和 LIP 点火方式下，工况 A-3 的初始火焰在 160μs 以后逐渐消失，而工况 B-3 的初始火焰只存在了 100μs，要比工况 A-3 短了 60μs。再结合这两个工况的最终点火结果可以看出，凹腔上游并联式燃料喷注方案要比凹腔上游串联式燃料喷注方案更利于初始火焰的形成与传播，更利于实现可靠的点火。

由此可见，凹腔上游燃料喷注方案的优化结果在分别采用聚能火花塞点火和激光诱导等离子体点火方式下均获得相同结论，即该优化结果具有普适性。

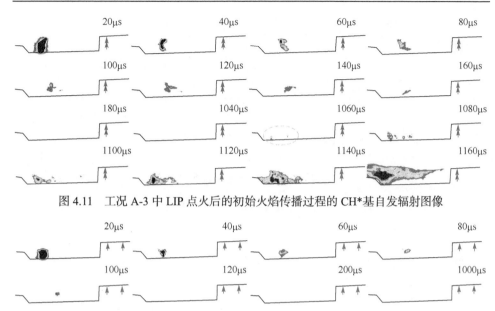

图 4.11　工况 A-3 中 LIP 点火后的初始火焰传播过程的 CH*基自发辐射图像

图 4.12　工况 B-3 中 LIP 点火后的初始火焰传播过程的 CH*基自发辐射图像

2. 凹腔内部主动式燃料喷注方案

鉴于前面讨论过的凹腔内部主动式燃料喷注方案在聚能火花塞点火方式下并未呈现出较大的差异，下面采取 LIP 点火方式再对凹腔内部主动式燃料喷注方案开展更精细的点火优化研究。

图 4.13 给出了工况 C-2 在 LIP 点火以后的 CH*基自发辐射图像。在凹腔后缘 LIP 点火以后，初始火焰在 80μs 后逐渐消失，在点火后 100μs 到 600μs 之间初始火焰信号很弱，无法观察到。直到点火后 620μs，在凹腔前壁面附近出现一个弱火焰，并且在随后的 400μs 内增长发展为一个稳定的全局火焰。对比看图 4.13 和图 4.11 中初始火焰的传播路径，可以明显发现初始火焰的再现位置不同，初始火焰发展为全局火焰的路径也不同，而这主要是因为采用不同燃料喷注方案使得凹腔内燃料局部当量比分布不同所导致的。

图 4.14 展示了工况 D-2 在 LIP 点火后的初始火焰传播过程的 CH*基自发辐射图像。可以发现，点火后经过 200μs 时间凹腔内的初始火焰才开始消失不可见，在初始火焰消失之前能够明显看到其逐渐向凹腔前缘移动。经过一个更长的 1500μs 沉寂时间直到点火后 1700μs，凹腔前缘附近会再现一个弱火焰，并且在 200μs 内逐渐增长为一个全局火焰。

对比看图 4.13 和图 4.14 中初始火焰消失时间的差别(工况 C-2 中 80μs，工况 D-2 中 200μs)，再结合 3.2.4 节中的数值仿真结果，可以发现由主动式喷注方案不

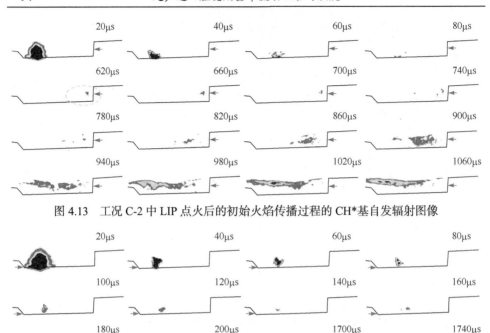

图 4.13　工况 C-2 中 LIP 点火后的初始火焰传播过程的 CH*基自发辐射图像

图 4.14　工况 D-2 中 LIP 点火后的初始火焰传播过程的 CH*基自发辐射图像

同导致的凹腔内燃料当量比分布差异，影响了初始火焰的生存和增长所需时间。从本节 LIP 点火实验过程上可以得出结论，采用凹腔前壁面燃料喷注方案要比凹腔后壁面燃料喷注方案更加适合初始火焰的形成与传播，为利于点火过程的凹腔内部主动式燃料喷注方案。

此外，综合本小节中的实验现象可以发现，燃料喷注方案对于 LIP 点火过程具有重要的影响。在凹腔后缘 LIP 点火以后，当采用凹腔上游燃料喷注方案时，初始火焰会在凹腔后缘驻留并增长为全局火焰；当采用凹腔主动式燃料喷注方案时，初始火焰会向凹腔前壁面发展并在前壁面逐渐增长为全局火焰。

4.2　凹腔构型对强迫点火过程的影响

4.2.1　实验方案设计

图 4.15 为模型超燃冲压发动机的详细结构示意图。燃烧室仍然是后缘突扩构型，燃烧室上壁面等直，下壁面扩张，扩张角度为 1°。在本节的研究中，燃料喷

注方案固定不变，为 6 个直径 1mm 的燃料喷孔，分别位于凹腔上游 10mm(3 个展向等距离的 1mm 喷孔)和 30mm(3 个展向等距离的 1mm 喷孔)位置。

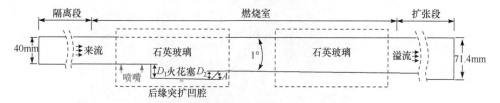

图 4.15　模型超燃冲压发动机结构示意图

如图 4.16 所示，凹腔构型为典型的后缘突扩凹腔。凹腔前缘高度(D_1)、后壁面高度(D_2)、底壁长度(L)和后壁面倾角(A)分别为 20mm、16mm、80mm 和 45°。整个凹腔的宽度是 50mm。用三种凹腔构型来开展点火实验，这三种构型之间的唯一差别就是凹腔后壁面高度。如图 4.16 所示，凹腔构型 A、B 和 C 的后壁面高度分别为 16mm、12mm 和 8mm。凹腔上壁面和凹腔下游壁面平行。凹腔底壁中心处安装一个火花塞安装孔，通过安装聚能火花塞开展强迫点火实验研究。

仍然采用高速摄影系统来观测点火及火焰传播过程。首次采用两台高速摄影相机，分别安装在发动机侧面及顶部，从而实现对燃烧室展向 z 截面及横向 y 截面的光学观测，实验现场实物图如图 4.17 所示。两台相机通过连接到相同的继电器在实验台测控系统控制下实现对燃烧室展向及横向截面的同时观测。

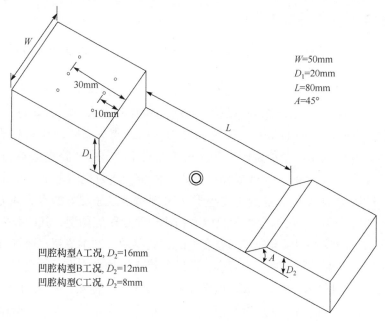

图 4.16　不同后缘高度的后缘突扩凹腔示意图[5]

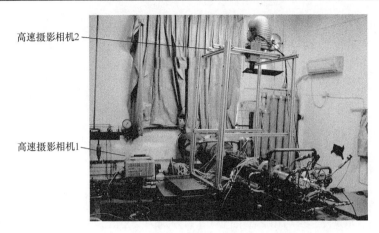

图 4.17　两台高速摄影相机展向、横向同时拍摄现场实物图

　　为了清晰地观测点火过程，两台高速摄影相机均设置为 20000 帧/s，快门速度 1/20670s，镜头光圈为 1.4。相机在展向上分辨率为 1024×512 像素，在横向上分辨率为 512×128 像素。此外，流场中静压通过 32 个安装在燃烧室底壁上的测压阀即时采集，采集频率为 100Hz，这套压力扫描阀的测量误差为±0.5%。

　　针对不同后缘高度的后缘突扩凹腔构型，在相同凹腔上游燃料喷注方案和采用聚能火花塞点火方式的条件下，研究凹腔构型对点火过程的影响。

4.2.2　初始火焰形成与发展实验

　　共开展 15 个工况的点火实验，如表 4.3 所示，每个工况至少重复两次实验，以确保点火可重复性。凹腔构型 A、B 和 C 被设计用来研究凹腔突扩率对点火和火焰稳定过程的影响。在相同凹腔构型条件下，又开展了 5 个不同燃料当量比的工况，以详细研究燃烧流场结构并辨析当量比对点火过程的影响。

　　在表 4.3 所列出的工况中，只有工况 C1 和 C2 点火失败，其他工况都实现了可靠点火并形成了一个稳定的火焰。这表明对于本节的凹腔构型 C 来说，当乙烯当量比小于 0.30 时，实现成功点火非常困难；同时也能看出，相比于凹腔构型 C，凹腔构型 A 和 B 在当量比小于 0.30 时都展现了更好的点火能力。

　　已有研究表明[6]，后缘突扩凹腔构型相比于常规凹腔构型，其凹腔内流场结构变化很大。凹腔剪切层会向着凹腔底壁的方向移动，在主流超声速气流突扩效应作用下凹腔上游燃料卷吸量会增多，凹腔回流区结构也变小，并且凹腔内湍流耗散作用增强，凹腔内局部点火环境更加复杂恶化。由表 4.3 中展示的统计结果可知，对于低后壁面高度的后缘突扩凹腔，在低当量比条件下点火会变得更加困难。而针对这种低后壁面高度的凹腔构型，提高燃料喷注当量比可以有效改善点火性能，这是因为充分提高凹腔内燃料局部当量比的同时，被高喷注压降整体抬高的燃料射流会使凹腔底壁附近的湍流耗散作用也得到明显改善。

表 4.3　凹腔构型优化实验工况

实验工况	P_i/MPa	Φ	点火情况	实验工况	P_i/MPa	Φ	点火情况
A1	0.96	0.14	√	B4	2.66	0.39	√
A2	1.30	0.20	√	B5	3.46	0.53	√
A3	2.05	0.31	√	C1	1.03	0.15	×
A4	2.69	0.40	√	C2	1.44	0.22	×
A5	3.56	0.53	√	C3	2.03	0.30	√
B1	0.94	0.14	√	C4	2.74	0.41	√
B2	1.28	0.19	√	C5	3.58	0.54	√
B3	1.94	0.29	√				

根据前面的实验描述，采用发动机侧面和顶部悬挂两台相机同时拍摄的手段，可以实现对点火过程更加立体的观测。图 4.18 展示了工况 A3 中火花塞点火后初始火焰传播过程的展向和横向高速摄影图像。由图可以看到，在点火后 0.2ms 时已经形成了明显的初始火焰，在 0.4ms 时初始火焰已经传播到凹腔前壁面并在那里驻留，在 0.6ms 时初始火焰开始穿过凹腔剪切层，最终在 0.8ms 时初始火焰已经传播到发动机最右边观察窗边缘。由图 4.18 中右侧的发动机横向火焰传播图片能够更加清楚地反映出初始火焰的传播过程。

图 4.19 给出了工况 B3 中火花塞点火后初始火焰传播过程的展向和横向高速摄影图像。在相同全局当量比 0.30 条件下，随着凹腔后缘高度的降低，可以发现工况 B3 的初始火焰传播过程相比于工况 A3 要明显变慢。从图 4.19 中右侧的横向图像上可以更清楚地看出，在点火后 0.6ms 时初始火焰并没有穿过凹腔剪切层，随后在 0.8ms 时初始火焰穿过了凹腔剪切层但刚刚传播过第二个观察窗。从横向图像上也能发现，工况 B3 初始火焰的颜色也比工况 A3 弱，这表明在点火后的相同时刻里，燃烧室内化学反应程度要更弱一些，燃烧释热强度要更低。

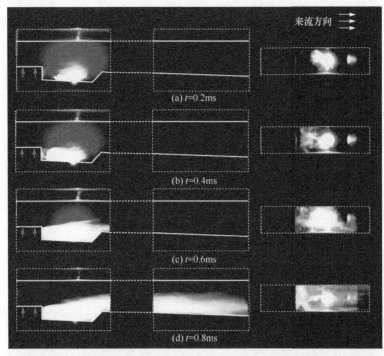

图 4.18 工况 A3 中火花塞点火后初始火焰传播过程的展向和横向高速摄影图像

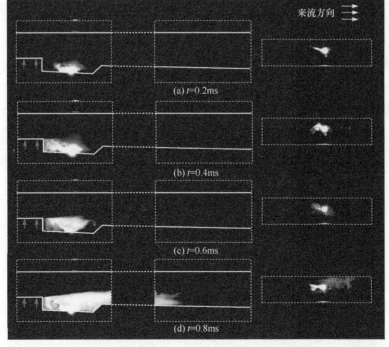

图 4.19 工况 B3 中火花塞点火后初始火焰传播过程的展向和横向高速摄影图像

图 4.20 描绘了工况 C3 中在火花塞点火后初始火焰传播过程的展向和横向的高速摄影图像。对比图 4.18 和图 4.19 中所展示的初始火焰传播过程，随着凹腔后缘高度进一步降低，点火后的初始火焰传播过程也随之进一步减慢。在点火后 0.8ms 时，工况 C3 中初始火焰仅仅刚穿过凹腔剪切层而没有传播到发动机第二个观察窗。同时，在横向图像中也可以看出，火焰颜色进一步变暗，意味着释热化学反应强度相应减弱。因此，在点火后相同的时间里，工况 A3 中火焰发展最迅速，而工况 C3 中火焰发展得最缓慢。

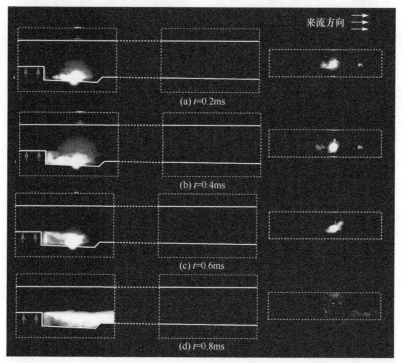

图 4.20　工况 C3 中火花塞点火后初始火焰传播过程的展向和横向高速摄影图像

由前面的展向和横向图像对比可以发现，横向上的图像相比于展向上的图像更清楚地描绘出了点火过程。下面就针对燃烧最弱的 C3 工况，列出更高时间分辨率的横向图像来分析点火过程。如图 4.21 所示，发动机横向上的图像清楚地展现了初始火焰的传播过程，初始火焰的传播路径可以从虚线上更明显看出。首先初始火核形成以后向凹腔前壁面传播，然后达到前壁面以后向两个侧壁发展并在前壁面处聚集，经过一段时间以后这里的初始火焰不断变强变大进而开始向凹腔后壁面方向传播，最终在凹腔内形成一个稳定的全局火焰。在图 4.21 中最后的 0.7ms 时刻，发现一个有趣的现象，在初始火焰向后壁面传播过程中，沿着两个侧壁面的火焰要比沿着中心线传播的火焰传播得更快。这一现象很可能是由于凹腔内部局部当量比分布以及湍流流场结构造成的。值得说明的是，图 4.21 中所揭示的初始火焰传播过程也是一个矩形发动机燃烧室中典型的初始火焰传播特点，即初始火焰传播的不对称现象(边缘效应)，这有待开展更进一步的研究。

来流方向

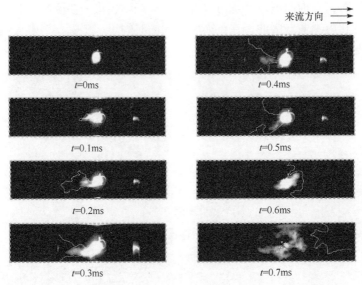

t=0ms $\quad$ t=0.4ms

t=0.1ms $\quad$ t=0.5ms

t=0.2ms $\quad$ t=0.6ms

t=0.3ms $\quad$ t=0.7ms

图 4.21　工况 C3 中火花塞点火后横向上初始火焰传播过程

由上述研究表明，凹腔构型对点火及初始火焰传播过程影响很大。随着凹腔后缘高度的降低，凹腔内部会形成一个更加恶化不利于点火的流场环境，并且会影响随之的初始火焰传播过程。相反，后缘突扩凹腔的后缘高度越高，凹腔内强迫点火要越容易，初始火焰的传播发展也越迅速。

4.2.3　强迫点火后燃烧室中的稳定火焰建立过程

在研究后缘突扩凹腔的点火过程中，发现初始火焰的传播过程存在反应释热区回传现象，而且当量比越高点火后这一现象越明显。以 4.2.2 节中工况 A5、B5 和 C5 为例，其乙烯喷注全局当量比约为 0.53。在这种条件下强迫点火后火焰中反应释热区回传的现象就清晰地揭示了燃烧室内的稳定火焰建立过程。

图 4.22 展示了工况 C5 中聚能火花塞点火以后初始火焰传播过程中的反应释热区回传现象，图中的时间间隔为 0.3ms。在高速摄影图像中，火焰中颜色最亮的部分代表了燃烧过程中最强烈的释热区域，即反应释热区。如图 4.22 所示，初始火焰在 t=1.2ms 到 t=1.5ms 之间，在发动机下游(第二个观察窗的右侧)附近突然增厚，随后最强烈的释热区逐渐向上游发展(t=1.8ms 到 t=2.4ms)。凹腔上方的火

焰也相应的发展增厚(t=2.7ms 到 t=3.3ms)，最终，燃烧室中形成了一个均匀分布的火焰。从图 4.22 中火焰颜色最明亮的区域移动轨迹可以更明显地看出，点火后初始火焰传播过程存在反应释热区回传现象。

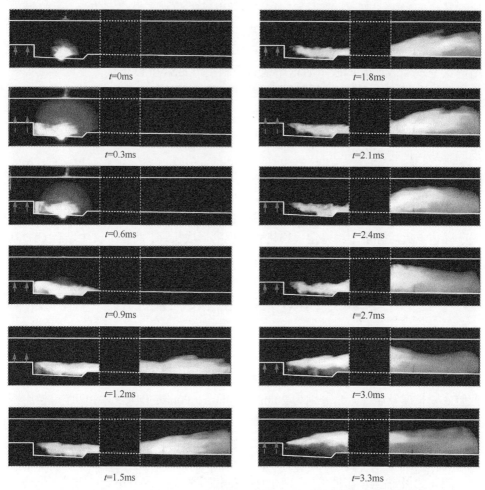

t=0ms

t=1.8ms

t=0.3ms

t=2.1ms

t=0.6ms

t=2.4ms

t=0.9ms

t=2.7ms

t=1.2ms

t=3.0ms

t=1.5ms

t=3.3ms

图 4.22 工况 C5 中火花塞点火后存在明显的初始火焰传播过程中的火焰回传现象

初始火焰传播过程中的反应释热区回传现象在真实的发动机应用中十分普遍，它是一个由流场中燃烧引起反压升高进而引发边界层分离所导致的一种复杂的物理现象。发动机燃烧室中还存在另一种火焰振荡状态，即火焰逆传/闪回现象，吴锦水[7]对超声速气流中的火焰逆传现象开展了大量研究工作。本节中研究的反应释热区回传现象是指发生在强迫点火后初始火焰传播中的稳定火焰建立过程，而火焰逆传现象发生在火焰稳定阶段中的燃烧振荡状态。此外，本节中研究的反应释热区回传现象发生在火焰内部，而火焰本身没有回传，火焰逆传现象指火焰本身发生回传。因此，这两者是有所区别的。

对于固定燃料喷注方案，在当量比为 0.53 时，工况 C5 中对应的燃料喷注压力 3.58MPa 在表 4.3 中是最高的，相应的燃料射流穿透深度也是最高的。相比于其他低当量比工况，工况 C5 中更多燃料被喷注到了燃烧室主流，燃烧室内燃料射流分布也更加均匀。如图 4.22 所示，初始火焰穿过凹腔剪切层以后先是紧贴着发动机底壁低速区传播，随后在凹腔下游某个地方火焰逐渐增厚。火焰增厚这一现象表明在凹腔下游这个地方燃料空气混合得很充分，并且形成了一个剧烈的化学反应释热区域。当在凹腔下游建立起剧烈的释热区以后，在大量燃烧放热作用下燃烧室下游会形成反压致使燃烧室边界层发生分离，并迫使释热区逐渐向来流相反的方向传播[8]。因此，在燃烧室初始火焰传播过程中形成了反应释热区回传现象。

当反应释热区回传到凹腔以后，凹腔内部驻留的燃料被充分反应消耗掉，而剪切层外的燃料又无法再进入凹腔内。随后主要化学反应都集中在凹腔剪切层位置，火焰也就随之稳定在凹腔剪切层内，在燃烧室内就建立了一个稳定的火焰。关于强迫点火后燃烧室中稳定火焰建立过程的形成机理，将在下文中结合 CH*基自发辐射图像和冷流 LES 结果详细论述研究。

4.3　强迫点火过程点火位置优化

4.3.1　实验方案设计

图 4.23 为研究的后缘突扩凹腔立体结构示意图。凹腔前缘高度、后缘高度、凹腔底壁长度及后缘倾角分别为 20mm、10mm、90mm 和 45°。在凹腔上游有两个等间距的 2mm 直径燃料喷孔，喷孔的位置距离凹腔前缘 10mm，燃料喷孔喷注方向垂直于空气来流方向。本节的实验仍然采用常温气态乙烯(总温 300K)作为燃料。

图 4.23 中描绘出了凹腔底壁上的火花塞安装位置，三个安装孔均位于燃烧室中心线上。为了方便标记其位置的差别，前缘点火位置记为 F，中间点火位置记为 M，后缘点火位置记为 R。在实验中，除了一个火花塞安装孔安装聚能火花塞以外，另外两个安装孔用专用的螺纹堵块堵住以保证实验件气密性。

本节除了利用聚能火花塞在凹腔内三个点火位置分别开展点火实验以外，还将利用 LIP 点火方式在凹腔内更多位置开展更加精细的点火实验，以进一步研究点火位置对点火过程的影响。本节中激光设置和 4.1.3 节中激光设置相同。

图 4.24 为凹腔内 LIP 点火位置分布示意图及激光光路示意图。实验中共有 9 个 LIP 点火位置，这些点火位置均位于发动机燃烧室中心平面上。这些点根据流

向位置的不同记为 a、b、c、d、e 和 f。点火点距离凹腔底壁的距离也被写在位置符号缩写里。例如，d-18 表明坐落在流向 d 上方并且距离凹腔底壁 18mm 距离的位置。关于这 9 个凹腔内点火位置的详细位置说明如图 4.24(b)所示。

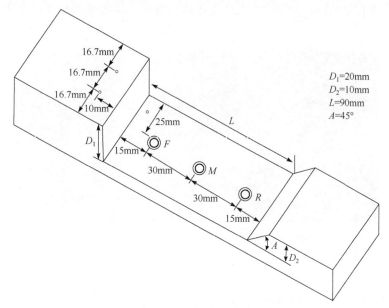

图 4.23　后缘突扩凹腔立体结构示意图[9]

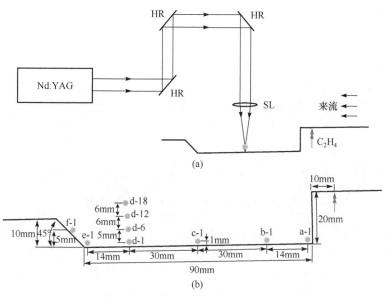

图 4.24　凹腔内 LIP 点火位置分布示意图及激光光路示意图[10]

图 4.25 为 9 个 LIP 点火位置激光瞬态激发的高速摄影图像。激光激发时在凹腔底壁上也会形成一个亮斑，这是由激光穿过焦点后打到底壁上金属反射所造成的。但经过测量表明，激光主要能量均集中在焦点上，底壁金属反射的热效应可以忽略。图 4.25 中的激光激发图像更清晰、形象地展现了凹腔内的点火位置分布。

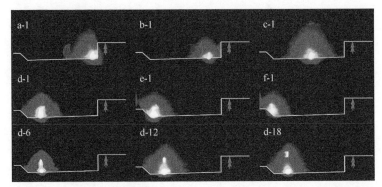

图 4.25 在凹腔内不同位置 LIP 点火时的瞬态激发 CH*基自发辐射图像

4.3.2 聚能火花塞点火

表 4.4 给出了采用聚能火花塞进行的点火位置优化实验工况，表中每个工况也都至少重复了两次，以确保点火结果具有可重复性。在固定凹腔上游乙烯燃料喷注方案条件下，绝大部分工况都实现了成功点火，只有工况 F-1 中在凹腔前缘点火位置且乙烯燃料当量比较低时没有实现成功点火。从高速摄影图像上可以发现，本节的实验在形成稳定火焰后存在两种火焰稳定模式，即凹腔剪切层火焰稳定模式和联合凹腔剪切层/回流区火焰稳定模式[11]。由 4.3.1 节工作已经发现，横向上能够更清晰地观测到点火后的初始火焰传播过程，本节仍将采用 20kHz 高速摄影观测横向上初始火焰传播过程。对比发现，在乙烯全局当量比为 0.29 时，各工况火焰传播过程非常具有代表性，可以开展对比研究。下面将选择全局当量比为 0.29 的典型工况进一步对比在凹腔不同位置分别点火后的初始火焰传播差异。

表 4.4 聚能火花塞点火位置优化实验工况

实验工况	P_i / MPa	Φ	点火情况	实验工况	P_i / MPa	Φ	点火情况
F-1	0.67	0.13	×	M-3	1.42	0.28	√
F-2	1.03	0.20	√	M-4	2.39	0.48	√
F-3	1.45	0.29	√	R-1	0.61	0.13	√
F-4	2.34	0.47	√	R-2	1.03	0.20	√

续表

实验工况	P_i/MPa	Φ	点火情况	实验工况	P_i/MPa	Φ	点火情况
M-1	0.63	0.13	√	R-3	1.41	0.28	√
M-2	1.07	0.21	√	R-4	2.57	0.51	√

　　图 4.26 展示了在乙烯全局当量比为 0.29 条件下，分别在后缘突扩凹腔前缘、中部和后缘点火后的初始火焰传播过程横向上的高速摄影图像。如图 4.26(a)所示，初始火焰首先在凹腔前壁面聚集，随后逐渐增强并向后传播到凹腔后壁面。对于工况 F-3，在凹腔内建立稳定的火焰共用了大于 1ms 的时间。相比之下，如图 4.26(b)所示在凹腔中部点火的工况 M-3，初始火焰首先向凹腔前壁面发展，随后在那里聚集，隔一段时间后初始火焰增强并随后向凹腔后壁面发展，最终用了小于 0.6ms 的时间就在凹腔内建立了全局火焰。图 4.26(c)给出了在凹腔后缘点火后的火焰传播过程图像，可以发现，工况 R-3 点火后更像是初始火焰同时向凹腔前壁面和后壁面传播，并且只用了不到 0.4ms 时间就在凹腔内建立起了全局火焰。需要指出的是，从图 4.26 中可以发现初始火焰更倾向沿着发动机两个侧壁面传播，这可能是由局部当量比分布和流场中湍流流场作用导致的，但同时是矩形超燃冲压发动机燃烧室中典型的初始火焰传播边缘效应。

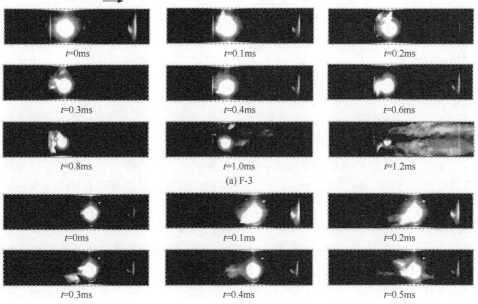

(a) F-3

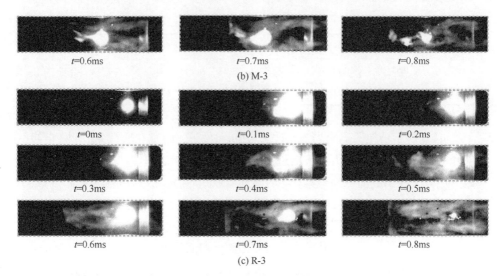

图 4.26　在乙烯全局当量比为 0.29 条件下，分别在凹腔前缘、中部和后缘点火后的初始火焰
传播过程横向上的高速摄影图像

根据表 4.4 中的点火统计结果以及图 4.26 中展示的初始火焰传播过程差异可以发现，在本节中研究的凹腔前缘、中部及后缘的聚能火花塞点火位置中，凹腔后缘点火位置是最利于初始火焰传播的优化点火位置。

4.3.3　激光诱导等离子体点火

为了进一步研究点火位置对点火过程的影响以及产生上述点火差异的内在原因，本节开展了实验和数值仿真工作。第 1 部分展示了在凹腔内不同 LIP 点火位置的实验结果以及基于实验结果的点火优化研究，第 2 部分和第 3 部分采用数值仿真的手段研究了燃烧室内的冷态流场，并根据冷态流场的结果讨论了第 1 部分的点火实验。

1. LIP 点火实验

本节将研究后缘突扩凹腔内的 LIP 点火和初始火焰传播过程。为确保实验结果具有可重复性，对于每一个点火位置，在相同当量比条件下均开展了至少两次点火实验。图 4.27 展示了 LIP 点火实验结果[10]，图中实心圆点代表可以实现成功 LIP 点火并自持火焰的位置，实心三角则代表点火失败的位置。由图可以发现在不同当量比条件下，在 f-1 和 d-18 点均很难实现 LIP 成功点火。此外，在 $\Phi=0.16$ 时，a-1 点和 b-1 点也没有实现成功点火。其他 LIP 点火位置则在所有当量比条件下都实现了成功点火。点火和初始火焰传播过程采用展向高速摄影 CH*基自发辐射观测手段，相机拍摄频率为 50kHz，曝光时间为 18μs。此外，本节还用到了高速纹影系统来观测 LIP 的形成和点火过程。纹影系统采用碘钨灯作为连续光源，利用一台 FASTCAM SA-X2 型高速摄影相机和一个尼康 200mm 焦距 4.0 光圈的定焦镜头相结合来拍摄纹影。纹影相机的拍摄频率为 50kHz，分辨率为 768×304 像素，曝光时间为 18μs。

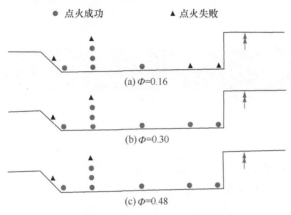

图 4.27 LIP 点火实验结果示意图[10]

通过 CH*基自发辐射和高速纹影成像观测了点火和初始火焰传播过程。CH*基一直被认为是局部化学反应区的标记信号。高速 CH*基自发辐射成像技术能够标记出瞬态的火焰前锋和燃烧释热区位置。纹影图像代表了密度梯度和混合物中温度梯度变化。

图 4.28 展示了在 e-1 位置 LIP 点火后的情况。这里需要特别说明区别一下，在相同燃料喷注方案和当量比条件下，图 4.28 和图 4.11 中所呈现出的点火过程差异是由点火位置不同所导致的。能够看出在 LIP 点火(激光脉冲时间为 10ns)后的 20μs，在点火位置附近形成了一个面积非常大的高 CH*基浓度区域，此刻的纹影图像也呈现了一个饱和信号的白色区域。通过聚焦形成的 LIP 能量会导致产生一个非常高温的区域，从文献[12]中可知局部温度可以高达 4000～16000K，这会导致气体分子经历离解、雾化、电离和激发等复杂过程。因为在 LIP 点火区域的边界层内存在高温高浓度梯度，LIP 点火位置附近的高温气体会扩散进入周围相对较冷的燃料/空气混合物中，进而导致在激光 10ns 作用时间以后 LIP 点火区域温度降低，CH*基浓度降低。可以看出在 LIP 点火 80μs 以后，由于周围空气的冷却效应 CH*基强度逐渐降低，进而形成一个更小的 CH*基区域。从纹影图像中可以看出，由于存在大的密度和温度梯度，白色椭圆形线中的流场结构变化明显比周围气体更加明显，这表明在这个区域中热和质量交换已经非常剧烈，并且温度要明显比周围高。结合纹影图像和 CH*基图像，对比发现此时的高温区域要明显比 CH*基组分分布区域大。

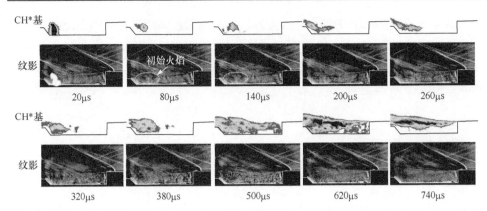

图 4.28　在 $\Phi=0.30$ 条件下，凹腔底壁 e-1 位置 LIP 点火后的初始火焰发展过程 CH*基
自发辐射图像和纹影图像

通常认为，周围气体的高温会激发燃料/空气混合物的化学反应，这也能够从 140μs 时刻的纹影图像和 CH*基图像中看出，在主 CH*基组分区域以外还能够检测到一些 CH*基浓度信号。在这以后，从 140μs 时刻到 500μs 时刻，CH*基区域朝着上游的方向逐渐发展进入凹腔以内。在 LIP 点火后 740μs 时刻，燃烧室内已经建立起一个完全的火焰。这个过程也和文献[13]中的结果相一致，即乙烯的初始火焰在向下游发展之前首先会朝着凹腔前壁面发展并且这个过程和点火位置无关。

如图 4.28 所展示的那样，由 LIP 激发产生的 CH*基组分区域随着时间逐渐向凹腔内发展，并且在 500μs 时刻和 620μs 时刻，CH*基已经基本占据了整个凹腔。这表明燃烧化学反应的前锋已经传播进入凹腔内的燃料/空气混合物中。在这之后，燃料和空气会在剪切层中充分混合，随后燃烧主要在剪切层中存在。因为燃料射流不能够直接穿透进入凹腔内，凹腔内不再发生燃料/氧化剂的化学反应。这一现象也被 CH*基组分在 740μs 时刻的分布所证实。740μs 时刻以后的 CH*基组分分布和 740μs 时刻相似，表明已经建立起一个稳定的火焰。

为了定量研究 LIP 点火过程，对 CH*基信号强度进行空间积分。图 4.29 通过 CH*基积分结果展示了 CH*基在凹腔内的发展和建立完整火焰的过程，图中高的 CH*基积分数值代表了高 CH*基强度或者大范围 CH*基分布。图中的 CH*基积分强度已经被火焰稳定阶段的平均值平均化处理。图 4.29 给出了三个不同当量比条件下的 CH*基变化发展过程。从图中可以看出在早期阶段(50μs 前)存在非常高的 CH*基积分值，这是由 LIP 点火所导致的。对于当量比 0.30 的工况，CH*基积分强度从 50μs 开始增长并且在 600μs 时刻达到一个峰值，这对应着在凹腔内充满 CH*基信号的时刻，如图 4.29 所示。在这之后，CH*基积分强度逐渐降低并在 740μs 时刻后达到一个统计上相对稳定的阶段，这个过程对应着凹腔剪切层内稳定火焰的建立。

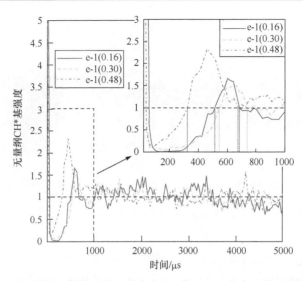

图 4.29　不同当量比条件下在凹腔底壁 e-1 位置 LIP 点火后的无量纲 CH*基
强度随时间的变化关系曲线[10]

在图 4.29 中的其他当量比工况中同样可以看到相似的燃烧过程。图 4.30 展示了三个当量比条件下凹腔内发生变化时 CH*基自发辐射图像。在相对高当量比(Φ=0.48)条件下，凹腔内 CH*基区域从 50μs 时刻到 420μs 时刻发展得更快，这很可能是由于凹腔内相对富燃的混合物促进了点火过程所导致的。在相对低当量比(Φ=0.16)条件下，凹腔内 CH*基发展的时间和中等当量比(Φ=0.30)条件下发展过程相似。然而，CH*基区域并不能够发展进入到整个凹腔内部，如图 4.30 中 600μs 时刻所示。此时 CH*基在凹腔右下方区域不能被观测到，这表明那里的混合物并未被点燃。

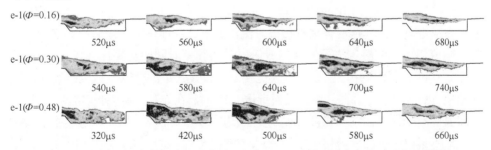

图 4.30　不同当量比条件下在凹腔底壁 e-1 位置 LIP 点火后的 CH*基自发辐射图像[10]

2. 凹腔点火机理

通过研究凹腔内混合流场和流场结构能够帮助理解导致凹腔内混合物点火的作用机理。图 4.31 给出了 LIP 点火前的速度矢量、马赫数和局部当量比在凹腔内和剪切层中的分布。这些结果是通过当量比 0.30 条件下开展 LES 计算得到的。

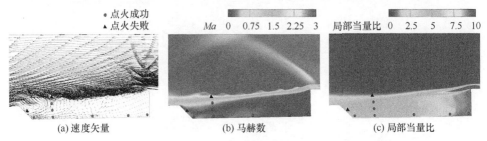

(a) 速度矢量   (b) 马赫数   (c) 局部当量比

图 4.31　在 $\varPhi$=0.30 条件下开展 LES 计算的速度矢量、马赫数和局部当量比分布云图

从图 4.31 中可以看出，气流流动在穿过凹腔剪切层以后快速降低。流动速度从自由来流中超声速气流迅速降低到凹腔内的低马赫数气流，这也对点火和火焰稳定有促进作用。与此同时，凹腔内的流动会形成一个很大的回流区。燃料/空气的混合物从剪切层开始沿着凹腔后壁面向凹腔底壁移动，随后沿着凹腔底壁向凹腔前壁面移动，最后沿着凹腔前壁面向自由来流移动。可以明显看出，在 e-1 处 LIP 点火位置的热等离子体混合物被回流结构对流传入凹腔内部和前壁面。高温气体起到了点火热源的作用并最终点燃了凹腔内的可燃混合物，当凹腔内的混合物被充分点燃以后，凹腔会起到火焰稳定器的作用继续点燃剪切层中的燃料/空气混合物，随后在剪切层中形成一个稳定的火焰。

d-18 和 f-1 处 LIP 点火位置并不在回流区以内。LIP 产生的高温等离子体混合物会直接被对流传向下游，随后因为局部高马赫数和短驻留时间的因素而猝熄。这也就揭示了图 4.27 中给出的在 d-18 和 f-1 位置点火失败的原因。而 LIP 点火位置 d-6 和 d-12 都在凹腔回流区以内，因此这两个工况都形成了一个稳定的火焰。a-1 和 b-1 这两个 LIP 点火位置都在回流区以内，然而，从这两个位置 LIP 产生的高温等离子体气体混合物直接被对流传递到凹腔前壁面，随后沿着前壁面传向凹腔剪切层。高温等离子体到达剪切层时的驻留时间明显要比 LIP 点火位置 c-1、d-1 和 e-1 短，并且在 LIP 点火位置 a-1 和 b-1 处，燃料/空气混合物比凹腔其他地方更加贫燃。因此，在全局当量比 0.16 时，在 a-1 和 b-1 处 LIP 点火以后，当高温等离子体气体混合物被传递到剪切层时，等离子体助燃点火过程中混合物的释热不足以引燃凹腔剪切层中的燃料/空气混合物。这也揭示了在 LIP 点火位置 a-1 和 b-1 处在当量比 0.16 时点火失败的原因。

为了验证上述假设，图 4.32 给出了 $\varPhi$=0.30 时在 a-1 位置 LIP 点火后的 CH* 基自发辐射图像。由图可以发现，在 a-1 处 LIP 点火后，CH* 基初始信号在该位置驻留了 260μs；从 320μs 时刻到 580μs 时刻，当初始火焰沿着凹腔前壁面向剪切层发展时，初始 CH*基区域已发生猝熄，这是和周围相对低温气体快速混合冷却所导致的；从 720μs 时刻到 860μs 时刻，凹腔内的混合物被重新点燃，这是由 LIP 诱导产生的残余高温气体所引发的，这些高温气体部分回流进入凹腔内并最终促进了燃料/空气混合物的自点火。

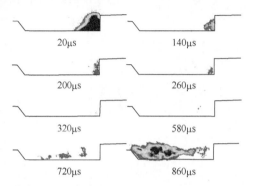

图 4.32　在 Φ=0.30 条件下，凹腔底壁 a-1 位置 LIP 点火后的 CH*基自发辐射图像[10]

图 4.33 也给出了在 c-1 位置 LIP 点火后一个相似的初始火焰传播过程。由图可以看出，在 c-1 位置 LIP 点火以后，初始火焰在 140μs 时刻就已猝熄，并且用了一个更长的时间(从 140μs 时刻到 820μs 时刻)才再次点燃混合物。由上述分析可知，凹腔内等离子体效应的减弱和热效应的增强主导着整个点火过程。

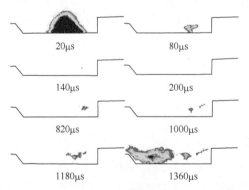

图 4.33　在 Φ=0.30 条件下，凹腔底壁 c-1 位置 LIP 点火后的 CH*基自发辐射图像[10]

图 4.34 给出了在 Φ=0.30 条件下、不同凹腔内位置 LIP 点火后的无量纲 CH*基强度随时间变化曲线。结合图 4.34 和上述图中所展示的结果可以明显发现，凹腔内 LIP 点火过程可以归纳总结为四个阶段。第一个阶段称为“等离子体点火”阶段(Ⅰ)，在这个阶段激光残余的热和等离子体效应还很明显；第二个阶段称为“等离子体猝熄”阶段(Ⅱ)，这个阶段周围相对低温气体冷却了等离子体并使之变成气体分子，无量纲 CH*基强度也逐渐降低，这个阶段 CH*基信号强度很低表明

化学反应进程很慢；第三个阶段称为"再点火"阶段(Ⅲ)，在这个阶段由 LIP 引发的高温残余气体激发了混合物的自点火，在 CH*基强度上表现为快速增长；第四个阶段也是最后一个阶段，称为"稳定火焰"阶段(Ⅳ)，这个阶段凹腔内的点火过程已经完成并且在剪切层中建立起一个稳定的火焰，这个阶段在 CH*基信号上表现为相对稳定的波动。这四个阶段即阐述了完整的凹腔强迫点火机制。

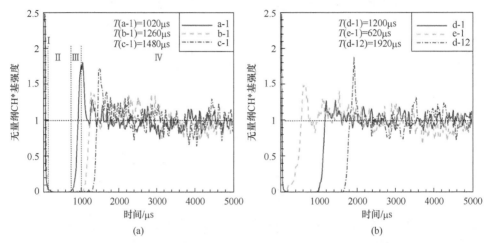

图 4.34　在 Φ=0.30 条件下，各工况无量纲 CH*基强度随时间变化曲线

　　本书将 CH*基信号达到最大值时(第三个阶段结束)的时间用来定义为点火时间。如图 4.34 所示，点火时间随 LIP 点火位置不同而不同。从 a-1 位置移动到 c-1 位置时，点火时间首先增加，当从 d-1 位置移动到 e-1 位置时，点火时间逐渐减少。除此以外，当沿着垂直方向从 d-1 位置移动到 d-12 位置时，点火时间一直不断增加。可以看出 e-1 点火位置所用点火时间最短，是最利于凹腔内 LIP 点火的优化点火位置。

3. 凹腔内流场结构

　　由前面分析可知，初始火焰的猝熄现象是和冷态流场中混合以及湍流效应息息相关的，此处将根据数值仿真的结果对 LIP 点火前的冷态流场开展进一步分析。

　　首先针对 Φ=0.30 条件下凹腔上游喷注乙烯的冷流流场开展数值仿真验证与网格无关性分析，该部分数值仿真工作基于 OpenFOAM 计算平台并采用 scramjetFoam 求解器开展，关于该部分数值仿真工作的数值方法、模型与计算设置请参见文献[10]。Φ=0.30 条件下的数值仿真和实验中壁面压力对比结果如图 3.20 所示。由图可以看出，数值仿真的结果和实验结果比较吻合，只有在 x=600mm 处仿真值估计过高，而产生上述误差的原因可能是燃烧室上壁面滑移边界条件设置和入口湍流边界层条件设置不准确造成的。基于图 3.20 所展示的对比验证工作和作者前期工作[6,14]中的验证，能够认为求解器可以准确地模拟超声速冷态流场。

　　图 4.35 给出了 7 个流向特征截面上时均的局部当量比和化学恰当比线，也给出了 2 个特征截面上的速度矢量。从图 4.35 和图 4.31 中给出的 2D 速度和混合流场可以看出燃烧室内的混合流场和流场结构，两个燃料喷孔在下游横向截面上产生一对旋转漩涡对。由于燃烧室具有突扩结构特点，燃料射流会向下壁面偏折发展并直接向凹腔内发展，在下游最后四个流向截面上可以看到相对均匀分布的局部当量比结构。在凹腔前壁面上沿产生了一道强激波并随后在上壁面处反射，在凹腔后壁面上沿也产生了一个相对较弱的激波。

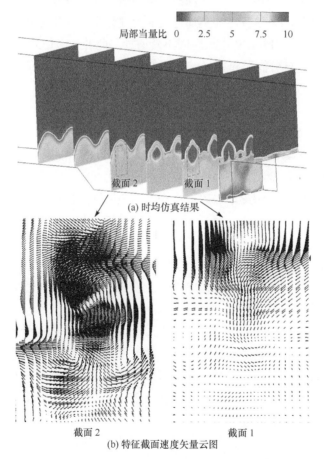

图 4.35　在 $\Phi=0.30$ 时，流向截面上的乙烯局部当量比分布时均仿真结果和特征截面速度矢量云图[10]

图 4.35(a)给出了时均的局部当量比和化学恰当比线分布,可从化学反应动力学因素分析上述实验结果。从图 4.35(b)和图 4.31(a)的速度矢量图可以看出,从凹腔前壁面开始,燃料在强对流作用下逐渐卷吸进凹腔,燃料射流在流向截面上形成了一对反转漩涡对,燃料卷吸主要依靠凹腔剪切层并且集中在凹腔后缘附近。从图中也可以看出凹腔后缘附近的局部当量比较高,约为 5 左右,这表明凹腔后缘是一个局部富燃的环境。考虑到通过实验验证得到的 e-1 和 d-1 等优化点火位置,在湍流和化学动力学因素的综合作用下,局部富燃环境更适合凹腔内点火。

根据经典燃烧理论,化学恰当比线(局部当量比为 1)给出了最适合初始火焰传播的路径,因为在那里的局部火焰温度是最高的。如图 4.35 所示,化学恰当比线主要包裹燃料羽流,并且在凹腔内部只在角回流区靠近底壁位置存在,表明凹腔角回流区内的化学动力学条件要更加适宜。上述化学恰当比分布也解释了为什么在 Φ=0.30 从 a-1 到 c-1,LIP 点火时间不断增加。此外,考虑到在 Φ=0.30 时的局部当量比分布,最有可能引起在 Φ=0.16 时 a-1 和 b-1 点火失败的原因就是凹腔前壁面附近的贫燃环境。

图 4.36 展示了流场中涡量分布,图 4.37 展示了局部的标量耗散率和湍动能分布,它们将从湍流因素出发解释上述实验现象。流场中的涡量可以被用来表征局部湍流特征,以此衡量燃料/氧化剂混合情况。如图 4.36(a)所示,涡量沿着燃烧室主流中的燃料羽流逐渐减小,但在凹腔后缘附近仍然是一个适宜的涡量分布。此外,燃料羽流在凹腔下游逐渐破碎成小涡,这表明在凹腔后缘和下游形成了适宜的混合环境。在图 4.36(b)中,燃料射流、凹腔剪切层和壁面边界层都能够清楚地看到。在凹腔后缘的涡量要比凹腔前缘的涡量大很多,这表明在凹腔后缘附近混合条件较好。除了 d-18 的 LIP 点火位置以外,其他的点火位置均位于亚声速区域。根据声速线分布和图 4.36(b)中 LIP 成功点火位置可知,在亚声速区域内点火是实现成功 LIP 点火的必要条件之一。

图 4.37 展示了凹腔后缘局部的湍流流场结果,并进一步解释了 LIP 点火现象(在 e-1 点火成功,在 f-1 点火失败)。标量耗散率和湍动能都可以直接代表湍流耗散。从图中可以看出,在 e-1 位置标量耗散率和湍动能都不是非常大,这表明在e-1 位置混合充分而且湍流耗散不大。因此,在 e-1 处的点火环境被适宜的混合和局部当量比环境所强化。

在凹腔上方和凹腔下游的标量耗散率和湍动能均比较大,相比之下,在凹腔后壁面上的标量耗散率和湍动能也要比在凹腔底壁上的大,这表明在 f-1 位置 LIP点火以后会经历一个很严峻的湍流耗散过程。因此,凹腔后壁面上不适合点火,而凹腔底壁上是适合点火的。本节的数值仿真结果表明,局部当量比分布和局部湍流耗散均能够影响 LIP 点火过程。在凹腔底壁上方且在凹腔亚声速线以内是实现成功 LIP 点火的必要条件。

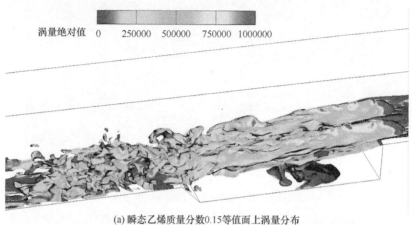

(a) 瞬态乙烯质量分数0.15等值面上涡量分布

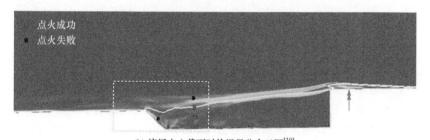

(b) 流场中心截面时均涡量分布云图[10]

图 4.36　Φ=0.30 时的仿真涡量分布图

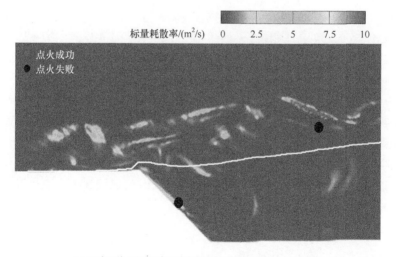

(a) 凹腔后缘局部区域的瞬态典型标量耗散率和声速线云图

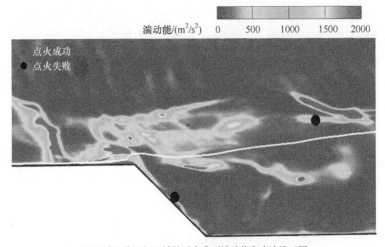

(b) 凹腔后缘局部区域的瞬态典型湍动能和声速线云图

图 4.37　在 Φ=0.30 时，仿真中凹腔后缘附近流场的典型瞬态图像

4.4　强迫点火模式分析

4.4.1　实验方案设计

图 4.38 给出了实验中光路设置。同 4.3 节采用基本相同的激光布置方法，区别在于本节中 LIP 位置固定在凹腔底壁中心位置，此外，本节中的激光激发能量设定为两档，分别为每脉冲 300mJ 和 200mJ。

从图 4.38 中可以清晰看出，本节采用 CH*基和 OH*基[1]自发辐射同时拍摄的方式，两台相机分别布置在燃烧室展向两侧。对于 CH*基的拍摄，本节采用一台 FASTCAM SA-X2 型高速相机，一个尼康 50mm 焦距 1.4 光圈的镜头以及一个中心波段 431nm、带宽 10nm 的带通滤光片相结合的方法来拍摄。对于 OH*基的拍摄，本节采用一台 FASTCAM SA-Z 型高速相机，一个 95mm、4.1 光圈的紫外 UV 镜头，一台 Invisible version UVi 型像增强器以及一个中心波段 311nm、带宽 10nm 的带通滤光片相结合的方法来拍摄。由于像增强器本身的限制，两台高速摄影相机的拍摄频率被设置为 10kHz，拍摄分辨率为 1024 像素×512 像素，曝光时间为 98μs，但这个拍摄频率足以拍摄点火及随后的初始火焰传播过程。本节还采用一台 DG645 同步器来同步两台高速摄影相机和激光器，以确保 LIP 点火过程能够被同时准确的记录。

---

1) 本书中用 OH*基表示自发辐射成像技术中的 OH 基。

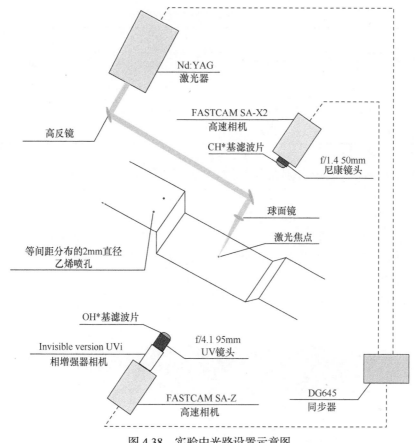

图 4.38　实验中光路设置示意图

此外，本节用到了高速纹影系统来观测 LIP 的形成和点火过程。纹影系统采用碘钨灯作为连续光源，利用一台 FASTCAM SA-X2 型高速摄影相机和一个尼康200mm、焦距 4.0 光圈的定焦镜头相结合来拍摄纹影。纹影相机的拍摄频率为50kHz，分辨率为 768×304 像素，曝光时间为 18μs。

4.4.2　强迫点火过程分析

本节共开展了四个工况的点火实验，每一个工况点火实验都重复了至少两次，以确保结果具有可重复性，具体实验工况如表 4.5 所示。对于本节中所有实验工况，燃料喷注方案和 LIP 点火位置都是固定的，通过对比不同工况来研究当量比和激光能量对点火过程的影响。表 4.5 中的工况都实现了可靠成功点火。研究表明，全局当量比 0.15 是在现有燃烧室条件下能够实现 LIP 成功点火的最低燃料喷注当量比，工况 1 是刚好满足 LIP 点火条件的临界点火工况。

表 4.5　点火实验工况表[15]

实验工况	P_t/MPa	Φ	激光能量/mJ
工况 1	0.75	0.15	200
工况 2	1.14	0.23	200
工况 3	1.15	0.23	300
工况 4	2.00	0.40	200

图 4.39 展示了 LIP 分别在静止空气和超声速气流中的纹影发展过程。在纹影图像中的 LIP 尺寸代表了由 LIP 热效应所引起的密度梯度变化区域。静止空气中的 LIP 纹影图像表明随着激光能量的增加，LIP 尺寸也随之增加，这表明大的激光能量能够产生更强的热效应。由图 4.39 中给出了 300mJ 激发能量时超声速气流中的 LIP 发展过程可以发现，即便激光能量已经为本节中最高值，但诱导产生的 LIP 仍然会经历一个严峻的湍流耗散过程并且很可能在 0.2ms 时间内消失，如图中白色圆圈所示。这也意味只在激光激发后的 0.2ms 内对于 LIP 点火过程是至关重要的，因为在这一时间段内 LIP 的热效应在超声速气流中是明显存在的。

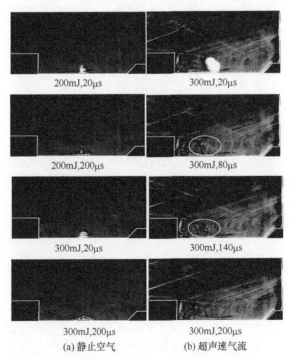

(a) 静止空气　　　　　　　(b) 超声速气流

图 4.39　LIP 在静止空气和超声速气流中的纹影发展过程

CH*基是局部反应区结构的标记，可以用来追踪火焰前锋及燃烧释热区[16]。

此外，OH*基同样可以用来标记火焰结构和高温燃烧产物区[11]。本节中通过采用像增强器，OH*基信号可以在高速拍摄过程中直接得到增强，进而可以实现和CH*基信号以相同频率进行高频拍摄。而 LIP 点火过程分析可基于同时测量的CH*基和OH*基自发辐射图像展开。

图 4.40 展示了工况 1 的点火过程中同时测量的 CH*基和 OH*基自发辐射图像以及相应的纹影图像，图像拍摄频率为 10kHz，曝光时间为 98μs。激光的激发时间定义为 t=0.0ms 时刻。需要说明的是，CH*基和 OH*基图像在 t=0.1ms 时刻的差距是由像增强器相机感光元器件误差所造成的，然而这个误差会很快消失并不会影响后续 OH*基信号的测量。由图可以看出，在乙烯全局当量比为 0.15 条件下，用了持续达 2.0ms 的一段相对较长的点火发展时间才建立起全局火焰，随后初始火焰始终驻留在凹腔角回流区中直到 t=1.5ms 时刻。在反应流中 OH*基的寿命要比 CH*基长[17]，在相同的时刻，图 4.40 中，OH*基组分总会比 CH*基组分分布面积更大，这也进一步表明了高温燃烧产物区域的热效应会加速燃烧化学反应，并为点火过程提供一个适宜的热和化学环境。在 t=2.0ms 时刻的完整火焰阶段，OH*基组分相比于 CH*基组分分布面积更大且更加深入凹腔内部。然而，CH*基组分在凹腔剪切层内要分布得更厚，那里是燃烧室内主要的化学反应区域。在火焰稳定阶段的 CH*基和 OH*基组分分布特性表明凹腔内部的热和化学环境会极大地促进凹腔剪切层内的化学反应，并为点燃凹腔外部燃料射流提供了一个持续的点火源。

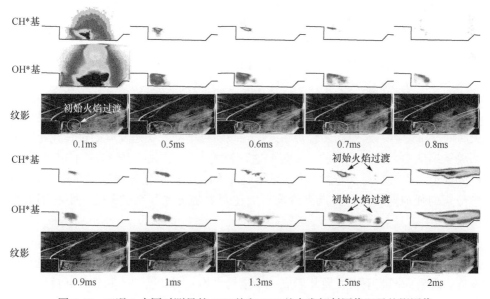

图 4.40　工况 1 中同时测量的 CH*基和 OH*基自发辐射图像以及纹影图像

图 4.40 中的纹影图像由于受条件限制不是和自发辐射图像同时拍摄的，但是通过工况复现的方法仍然能够展示出工况 1 点火发展过程中的密度梯度变化。可以看出，在工况 1 点火过程中凹腔内部的流场结构变化非常剧烈。当燃烧室中建立全局火焰以后，流场中密度梯度最剧烈变化的区域就由凹腔回流区转移到了凹腔剪切层中，这一现象也和自发辐射图像揭示的现象相同。

图 4.41 和图 4.42 分别给出了工况 2 和工况 4 点火过程中 CH*基和 OH*基的自发辐射图像。由图可以看出，在点火过程中随着当量比的增加，发展成全局火焰所需要的时间越来越短。此外，通过对比点火过程中的相同发展阶段(图 4.40 中 t=0.9ms，图 4.41 中 t=0.6ms 和图 4.42 中 t=0.2ms)发现，凹腔角回流区里的驻留火焰也随着当量比的升高而变得更强。因此，当量比是点火过程中的一个主导因素。

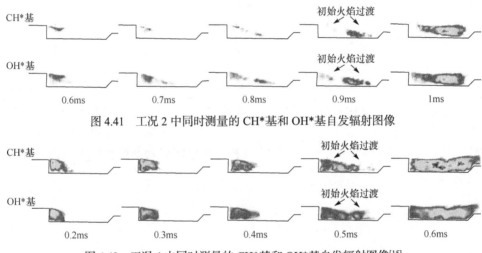

图 4.41　工况 2 中同时测量的 CH*基和 OH*基自发辐射图像

图 4.42　工况 4 中同时测量的 CH*基和 OH*基自发辐射图像[15]

图 4.41 中也存在一个和图 4.40 类似非常明显的初始火焰先减弱再快速增强发展过程，而在图 4.42 中该过程并不是很明显，因为初始火焰非常强烈并且整个点火时间非常短暂。这种点火后初始火焰先减弱再增强并快速发展的过程在超声速凹腔稳焰器中是普遍存在的，事实上这种初始火焰减弱的现象对应 4.3.3 节中分析的强迫点火过程等离子体猝熄阶段，随后的初始火焰增强现象则对应 4.3.3 节中分析的强迫点火过程再点火阶段，上述现象是实现可靠点火的一个必不可少的过程。

工况 1、工况 2 和工况 4 的初始火焰发展过程呈现出一个类似的模式。在凹腔底壁中部 LIP 点火以后，初始火焰首先向凹腔角回流区传播，随后在那里驻留发展，最后向凹腔下游发展并形成一个全局火焰。研究表明，凹腔角回流区对于点火过程是至关重要的，并为点火过程提供了适宜的热和化学环境。然而，这几个工况中初始火焰发展变化过程并不相同,这表明在点火过程中存在不同的模式。

　　为了更好地阐述点火过程模式差别, 下面对点火过程开展定量分析, 将每一幅 CH*基和 OH*基自发辐射图像的强度进行积分,结果如图 4.43 和图 4.44 所示。对于每一个工况, 自发辐射图像强度都除以整个火焰稳定阶段时均强度进行无量纲化处理。每一个工况的强度积分结果都是重复开展两次实验的时均化结果。

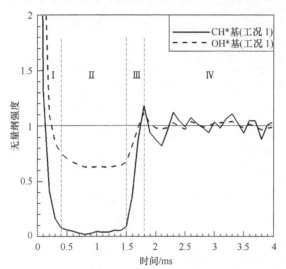

图 4.43　工况 1 中无量纲化 CH*基和 OH*基强度变化曲线[15]

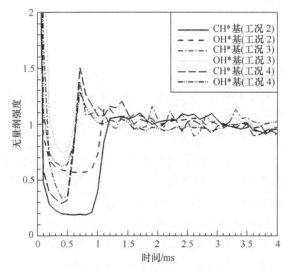

图 4.44　工况 2、工况 3 和工况 4 中无量纲化 CH*基和 OH*基强度变化曲线[15]

　　LIP 点火过程的一个典型特征就是存在不同的发展阶段[18]。如图 4.43 所示,参考 4.3.3 节第 2 部分的分类方式，首先是等离子体点火阶段(Ⅰ)，在这一阶段中激光的热效应以及强光效应都还存在；其次是等离子体猝熄阶段(Ⅱ)，在这一阶段中 CH*基和 OH*基自发辐射图像强度都还很弱，这表明初始火焰的化学反应进程是很慢的；再次是再点火阶段(Ⅲ)，自发辐射图像的强度快速增大，并且初始火焰在这一阶段的末尾发展成全局火焰；最后是稳定火焰阶段(Ⅳ)，CH*基和 OH*基自发辐射图像积分强度都呈现出一种波动趋势，这表明这一阶段化学反应和释热都是随时间不断变化的。

对比图 4.43 中最后稳定火焰阶段(Ⅳ)的 CH*基和 OH*基强度变化曲线，可以明显看出 OH*基的强度变化曲线要比 CH*基的强度变化曲线波动更小，相对更稳定。因此，这也表明了火焰稳定过程中的火焰波动主要是由化学反应区的波动引起的，而高温燃烧产物区域并没有随火焰波动而产生较大变化。

根据图 4.44 中的结果统计，工况 3 和工况 4 中的点火时间(阶段Ⅲ的结束时间)都是 0.7ms，而工况 2 中的点火时间为 1.2ms，并且工况 3 中第 I 阶段的结束时间也是最长的，这表明激光能量同样深刻地影响 LIP 点火过程。通过在流场中增加激光能量，LIP 的尺寸会随之增大，产生的热效应也会随之增强，如图 4.39 所示，此外，会激发产生更多的原子和等离子体基团[4]。由此可见，增加激光能量和当量比都是在超声速凹腔稳焰器中实现可靠点火的有效方法。

4.4.3　强迫点火模式研究

从图 4.44 的定量分析中可以看出，不同工况中初始火焰的增长特性也是不相同的，为了进一步阐述这种区别，给出图 4.45 中的结果。对于图 4.45 中的每一个工况，CH*基自发辐射图像都根据全幅图像和半幅图像(左边一半)分别积分两次，然后统一除以全幅图像火焰稳定过程中的时均强度进行无量纲化处理。半幅图像和全幅图像无量纲强度之间的对比可以用来代表在凹腔角回流区内的初始火焰强度和整个凹腔内初始火焰强度之间的对比。

如图 4.45 所示，每一个工况的初始火焰的无量纲强度和初始火焰在凹腔内的驻留时间都可以清晰分辨出。对于每一个工况，半幅图像和全幅图像的无量纲积分强度在初始火焰驻留时间内保持一致，表明在这一过程中初始火焰只在凹腔角回流区内存在。半幅图像和全幅图像无量纲积分强度产生区别的时刻正好也对应了图中初始火焰过渡过程的时刻。在最后的全局火焰阶段，可以发现半幅图像的无量纲强度只有全幅图像无量纲强度的 1/3 左右，这表明在火焰稳定阶段凹腔后缘位置将提供主要的化学反应及释热区域。

结合图 4.40～图 4.42 和图 4.45 中所展现的初始火焰传播差异可以发现，本节中 LIP 点火过程可以归纳总结为两个模式，即弱点火模式和强点火模式。

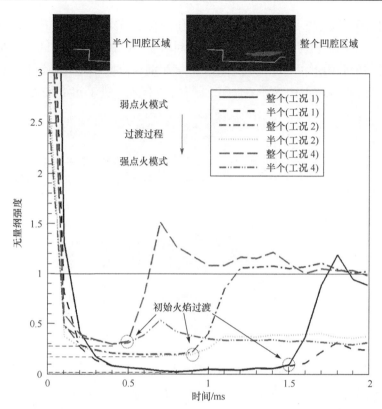

图 4.45　不同点火模式下半幅图像和全幅图像的无量纲化 CH*基强度变化曲线[15]

在弱点火模式中，凹腔角回流区靠近剪切层驻留的初始火焰非常微弱，不能直接点燃凹腔后缘的燃料，由于整个凹腔内是相对贫燃的环境，在凹腔角回流区内得到增强的初始火焰逐渐从凹腔角回流区发展到凹腔后缘区域，整个点火过程也呈现出一种相对较慢的趋势。研究表明，这种点火模式只存在局部贫燃环境中；对于强点火模式，由于凹腔内化学环境比较适宜，在凹腔中激光点火以后，一个较强的初始火焰立刻在凹腔内形成。即便凹腔角回流区的燃料分布相对凹腔后缘较少也不充分，但快速增长的初始火焰几乎占据了整个凹腔角回流区。也正是由于较强的初始火焰能够直接点燃凹腔后缘的燃料，只用了较短的时间就在凹腔内建立了全局火焰；通过研究发现，在弱点火模式和强点火模式之间，还普遍存在过渡点火过程，但主导点火过程的模式机理仍然可以按照当量比和激光能量的不同而划分。

这里需要区分的是，前面提到的强迫点火机理是在不同工况中寻找相同的作用机理，而本节论述的强迫点火模式强调把不同工况按照特征进行分类，但每个工况中具体的作用机理仍是相同的。

图 4.46 给出了由上述实验观测所总结的两种点火模式反应区结构以及初始火

焰传播机理的示意图。随着增加燃料喷注压力，全局当量比不断升高，凹腔剪切层和凹腔上游燃料射流之间的相互作用不断增强，燃料射流卷吸进入凹腔不断增多，导致在凹腔内形成一个适宜的化学环境和混合流场环境[2]。此外，随着激光能量的增加，凹腔内部的热环境也随之强化，这极大促进了初始火焰的传播过程。

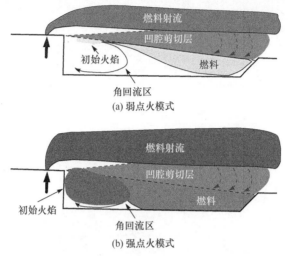

图 4.46　不同点火模式下反应区结构示意图[15]

通过总结得出，在弱点火模式中，整个点火过程主要依靠凹腔回流区的辅助完成。而在强点火模式中，强烈的初始火焰主导了整个点火过程。对于中间的过渡过程，点火过程是在凹腔回流区和初始火焰共同作用下完成的。需要指出的是，即便在强点火模式中，凹腔回流区的作用仍然是非常明显的，因为凹腔回流区为初始火焰的发展提供了适宜的化学和混合流场环境。由此可见，凹腔回流区对于点火过程具有十分重要的作用。

4.5　强迫点火源作用过程

4.5.1　实验方案设计

针对喷注气态乙烯的超声速后缘突扩凹腔稳焰器，本节将基于 scramjetFoam 求解器并采用 LES 数值仿真的方法，应用乙烯/空气燃烧 20 组分 35 步化学反应机理，对强迫点火源作用过程开展计算分析研究，其中后缘突扩凹腔稳焰器构型如图 4.2 所示。

在强迫点火过程中，强迫点火源通过能量激励产生一个高温高活化基团的热环境，进而引发燃料/空气混合物的链式化学反应以实现点火。由于实验测量手段的限制，针对强迫点火源能量释放瞬间的温度场、组分场还不能够给出精确的数值，并且不能够解耦瞬态激发的高温环境和高活化基团环境具体的作用机制，因此本节选用数值仿真的方法，研究强迫点火源瞬态激发的高温环境和高活化基团环境对点火过程的具体作用机制。

在具体的数值仿真点火瞬间的处理上，选取相同大小 10mm×10mm 的数值仿真预设区域，高温环境通过瞬间数值仿真预设一个 2000K 的区域来实现，高活化基团环境通过瞬间数值仿真预设一个 OH 基质量分数为 0.1 的区域来实现，以此实现高温和高活化基团环境的解耦处理。这里需要说明的是，瞬态数值仿真预设区域如果不能引起链式化学反应很快会被湍流作用耗散掉，因此数值仿真预设区域的绝对值大小影响不大，后面会专门论述这一点。本节分别给出了一个相对较高的温度和自由基浓度，以模拟强迫点火源的作用效果。因此，本节选用的方法可以进行宏观定性分析研究。

4.5.2　强迫点火过程三维算例验证分析

由于乙烯的碳氢比 1/2 和煤油的主成分非常相近，故乙烯常常被作为研究超声速燃烧机理的最佳替代燃料。从包含几百步的机理到仅包含三步的机理，关于乙烯的化学反应机理有非常多的版本。在本节研究中，首先通过 Chemkin 和 Cantera 软件开展了火焰 0 维和 1 维计算，对比研究了 3 种乙烯化学反应机理，分别为 20 组分 35 步化学反应机理[19]、10 组分 10 步化学反应机理[20]和 7 组分 3 步[7]化学反应机理，并详细计算对比了层流火焰传播速度、绝热火焰温度和点火延迟时间等关键参数。

图 4.47 给出了不同化学反应机理计算结果和实验数值以及详细化学反应机理的对比。层流火焰传播速度计算条件为 298K 和 1atm(1atm≈101325Pa)。计算结果表明，在不同当量比条件下 20 组分 35 步化学反应机理和实验数值以及 USC 数值均符合得较好，而另外两种化学反应机理下的计算数值较小并且趋势也不相符，如图 4.47(a)所示。对于图 4.47(b)中展示的绝热火焰温度，各机理之间的差异较小并且绝热火焰温度的最大值都发生在当量比为 1 的附近。

如图 4.47(c)所示，点火延迟时间通过给出不同的初始温度和初始压力计算而来，已有研究表明 C_2H_4 和 OH 基等发生的反应主要决定点火延迟时间，因此，由于 20 组分 35 步化学反应充分考虑了这些中间组分，所以其点火延迟时间计算结果与实验结果符合得较好。图 4.47(d)给出了采用 20 组分 35 步化学反应机理和采用 USC 完全化学反应机理点火得到的温度变化曲线，从趋势上可以看出虽然为简化化学反应机理，但 20 组分 35 步化学反应机理仍然能够较好地模拟出点火过程。综上所述，本节的点火仿真就采用 20 组分 35 步化学反应机理来开展。

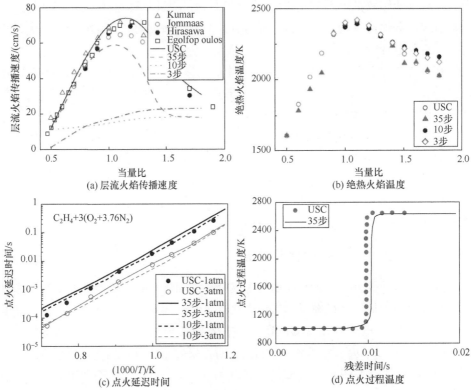

(a) 层流火焰传播速度

(b) 绝热火焰温度

(c) 点火延迟时间

(d) 点火过程温度

图 4.47　应用不同化学反应机理得到的计算结果和实验数值对比结果[21]

　　三维点火算例中，点火方式为在凹腔底壁中间位置，数值仿真预设一个 10mm×10mm×10mm 的 2000K 并且质量分数 0.1 的 OH 基区域。图 4.48 给出了数值仿真和实验中采用组合式燃料喷注方案的火焰分布云图，从图中火焰分布形态上可以看出数值仿真和实验结果符合得很好。此外能够看出，主要化学反应释热区都集中在凹腔剪切层上，并且火焰稳定模态为凹腔剪切层火焰稳定模式。

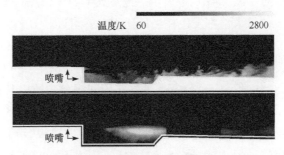

图 4.48　数值仿真和实验中凹腔剪切层火焰稳定模式对比结果[21]

图 4.49 展示了中心截面上和四个流向截面上的瞬态释热率(以下简称 HRR)和静温变化云图,以详细展示了强迫点火后的初始火焰传播过程。在图 4.49(a)和(e)中,初始火焰向凹腔前壁面传播;在图 4.49(b)和(f)中,t=1.00ms,凹腔角回流区内的初始火焰起到了一个引导火焰的作用。随后火焰沿着凹腔剪切层向下游发展并在凹腔后壁面附近发生剧烈的化学反应,从 HRR 云图上可以清晰地看出来。在 0.2ms 后,如图 4.49(c)和(g)所示,凹腔后壁面附近的初始火焰开始向凹腔前壁面和凹腔下游区域传播。随后在图 4.49(d)和(h)中,局部高温区逐渐消失,尤其是凹腔内几乎不存在 HRR,除了凹腔剪切层以外。图 4.49 展示了点火后的凹腔剪切层火焰稳定模式的建立过程。

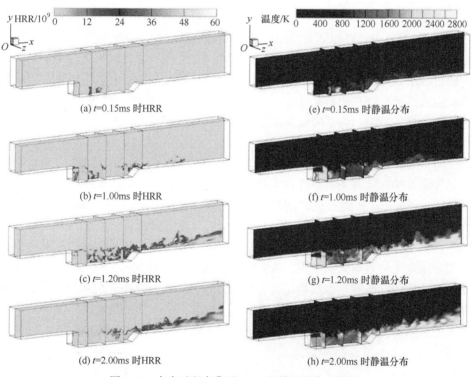

(a) t=0.15ms 时HRR

(e) t=0.15ms 时静温分布

(b) t=1.00ms 时HRR

(f) t=1.00ms 时静温分布

(c) t=1.20ms 时HRR

(g) t=1.20ms 时静温分布

(d) t=2.00ms 时HRR

(h) t=2.00ms 时静温分布

图 4.49 点火过程中典型 HRR 和静温变化云图[21]

基于上述分析,图 4.50 展示了点火过程中初始火焰传播路径,整个点火可以分为四个阶段。在第一个阶段,强迫点火后初始火焰向凹腔前壁面传播;在第二个阶段,初始火焰沿着凹腔剪切层快速向下游传播;在第三个阶段,凹腔后壁面附近的局部高温区域开始向凹腔前壁面和凹腔下游传播,这个时间间隔很短,约为 0.2ms,并且在实验观测上第二个阶段和第三个阶段几乎是同时发生的;第四个阶段是完整火焰阶段，在整个燃烧室内形成了处在凹腔剪切层火焰稳定模式的火焰。

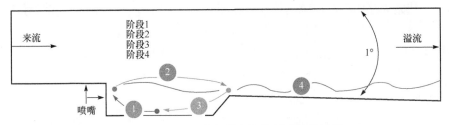

图 4.50　点火过程中初始火焰传播路径分析[21]

4.5.3　强迫点火源作用过程二维仿真研究

在 4.5.2 节中已经验证了采用乙烯 20 组分 35 步化学反应机理[19]是能够准确模拟超声速后缘突扩凹腔稳焰器中的强迫点火过程的，并且点火过程中初始火焰传播过程主要体现在二维平面上，即体现在流向 x 和横向 y 方向上。本节将开展多个点火算例，以对比研究强迫点火源温度(T)和活化基(以 OH 基为例)对强迫点火过程的具体影响。为了降低采用复杂化学反应机理所带来的巨大计算量，采用二维 LES 方法开展点火过程数值仿真研究，加密网格量为 156083。仿真模拟凹腔上游 10mm 喷注两路 $\phi2$ 的乙烯，喷注总压为 1.5MPa，总温为 300K，对应全局当量比为 0.30。空气来流条件与本章中 $Ma2.92$ 来流工况保持一致。

表 4.6 列出了二维点火算例的工况，总共开展了 5 个算例。工况 1 和工况 2 为在相同的凹腔中部位置点火的工况，其中工况 1 为数值仿真预设一个 2000K 的高温区，工况 2 为数值仿真预设一个质量分数为 0.1 的 OH 基区域；工况 3 为在凹腔后缘点火位置点火的工况，为数值仿真预设一个 2000K 的高温区；工况 4 和工况 5 为在相同凹腔后缘剪切层外部区域点火的工况，其中工况 4 为数值仿真预设一个 2000K 的高温区,工况 5 为数值仿真预设一个质量分数 0.1 的 OH 基区域。本节中数值仿真预设区域大小均为 10mm×10mm，具体位置分别对应图 4.24 实验结果中 c-1、e-1 和 d-18 点位置。

表 4.6　点火算例数值仿真工况

点火方式	工况 1	工况 2	工况 3	工况 4	工况 5
温度/K	2000	×	2000	2000	×
OH 基质量分数	×	0.1	×	×	0.1
位置	中部	中部	尾部	尾部外侧	尾部外侧

图 4.51 给出了工况 1 和工况 2 点火过程中不同时刻的静温和 OH 基分布，时

间间隔为 0.4ms。从 t=0ms 时刻工况 1 的静温和工况 2 的 OH 基分布云图上可以看出点火数值仿真预设阶段的差异。随着时间的推移，工况 1 中形成的初始火焰逐渐向凹腔前壁面传播并在角回流区驻留，最后慢慢减弱形成一个小的驻留火焰；工况 2 中形成的初始火焰从一开始就很强烈，向凹腔前壁面移动短暂驻留后，快速向凹腔下游区域发展传播，用了 1.2ms 时间就形成了燃烧室内的全局火焰。从一OH 分布云图上能够更明显看出上述两个工况的传播路径差异。

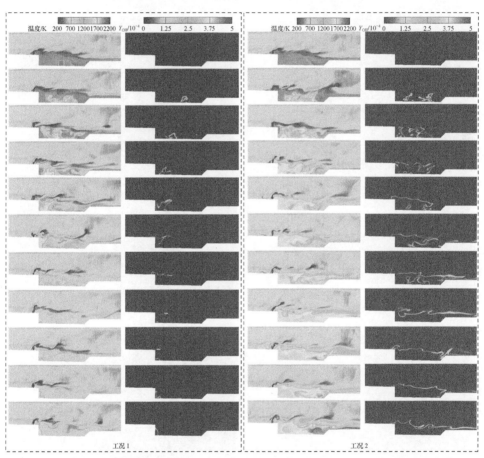

图 4.51　工况 1 和工况 2 强迫点火过程中不同时刻的静温和 OH 基分布云图

由图 4.51 中揭示的工况 1 和工况 2 点火过程区别不难看出，OH 基要比高温区域能更直接地激发链式化学反应，起到更直接的点火促进作用。从本节工况 1 和工况 2 点火的差异，以及和 4.3.2 节和 4.3.3 节中对应的凹腔中部点火实验结果上能够看出，在聚能火花塞和激光诱导等离子体点火作用过程中产生的活化基团起到了主要作用，产生的高温环境也发挥一定作用但并不是主导因素，这也就解释了目前强迫点火装置的研发设计都逐渐趋向产生等离子体设计思路的原因。

由前面的研究已经发现，后缘突扩凹腔后缘位置为优化的点火位置。图 4.52 给出了工况 3 中在凹腔后缘位置通过数值仿真预设一个 2000K 高温区域强迫点火后的静温和 OH 基分布(时间间隔为 0.4ms)，对比工况 1 和工况 3 能够充分体现凹腔后缘点火位置的优越性。工况 3 在强迫点火后，初始火焰在向凹腔前壁面发展

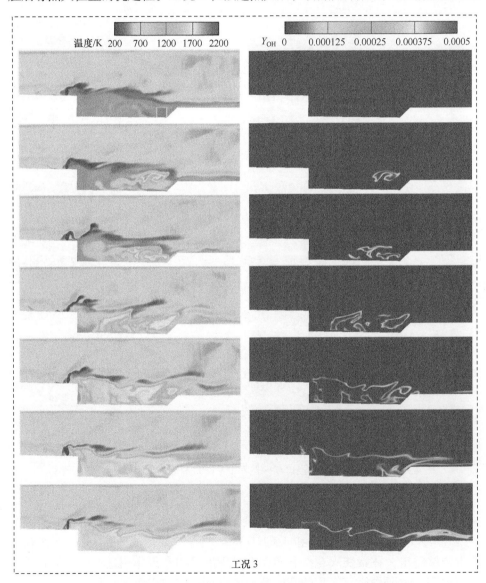

图 4.52　工况 3 强迫点火过程中不同时刻的静温和 OH 基分布云图

的同时逐渐向凹腔下游发展，而凹腔内初始火焰的驻留时间较短，这也和实验现象符合得较好。造成工况 1 和工况 3 的差异主要是相比于凹腔中部位置，凹腔后缘位置燃料分布条件非常适宜并且火焰向下游的传播路径也更加短，因此数值仿真预设一个高温区后直接加速了链式化学反应的进行。

4.3.3 节中实验结果表明，在凹腔声速线以内是实现可靠 LIP 点火的必要条件。图 4.53 中展示的工况 4 和工况 5 均为在凹腔声速线以外的凹腔剪切层位置点火工况，但点火后的结果却并不相同。工况 4 在点火后高温区域被迅速耗散掉，由化学反应产生的 OH 基只在 0.4ms 时刻存在，随后也都消失，这表明全场中化学反应均停止消失。工况 5 中在相同位置通过数值仿真预设一个 OH 基区域点火后，相比于工况 2 中在相同时刻 OH 基浓度要小很多但仍然没有被耗散掉，而是逐渐向凹腔内部发展以及向凹腔前壁面发展，经过一个相对较长的增长时间，在 2.8ms 时刻发展成凹腔全局火焰实现点火成功。图 4.53 中两个工况点火过程的差异更进一步验证了上述关于相对于高温环境，活化基团起到了更为主导作用的论断。

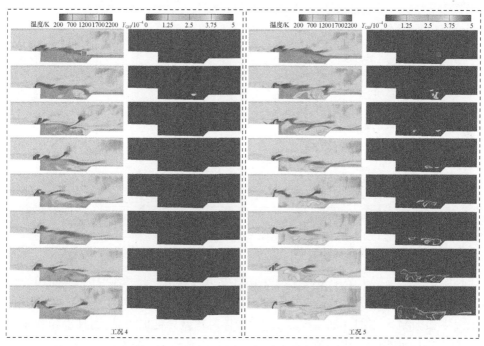

图 4.53　工况 4 和工况 5 强迫点火过程中不同时刻的静温和 OH 基分布云图

工况 5 中能够实现成功点火，而实验中在 d-18 位置会点火失败，这主要是由于本节的仿真中数值仿真预设区域要比实际实验中 LIP 区域大得多。因为本节中点火过程只做定性对比分析，而且经测试在流场中小于 10mm×10mm 的数值仿真预设区域很可能引起仿真算例点火失败,所以都取相同大小 10mm×10mm 的区域进行数值仿真预设点火。

需要说明的是,在后缘突扩凹腔稳焰器中,数值仿真预设一个 10mm×10mm 均匀的 2000K 高温区域或者质量分数 0.1 的 OH 基区域,点火源强度都是远大于现实中点火装置的。图 4.54 进一步给出了在凹腔中部不同强迫点火源作用强度的对比结果,可以看出数值仿真预设一个同等大小质量分数 0.01 的 OH 基区域根本不能引发点火过程,而数值仿真预设一个同等大小 3000K 的高温区时,HRR 积分强度趋势和 2000K 的结果相同,只是绝对值略大。但由于采用的化学反应 chemkin 文件的物性参数库文件在 3000K 及以上时已经不太准确,拟合精度不高,只采用 2000K 进行点火。两种数值仿真预设方式可以认为是等同的理想强迫点火源,也只定性对比这两种数值仿真预设方式点火过程的区别,对这两种数值仿真预设 d 方式下具体数值大小不做过多阐述。

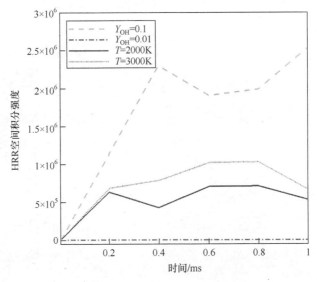

图 4.54 不同强迫点火源作用条件下的 HRR 空间积分强度对比曲线

图 4.55 给出了本节中不同工况在强迫点火过程中的释热率 HRR 空间积分强度随时间的变化曲线,以进一步定量对比这 5 个点火仿真算例。在图 4.55 中,工况 1 和工况 2,工况 4 和工况 5 关于 HRR 对比差异更加明显,而且也和图 4.52 与图 4.53 中的定性分析一致。

通过本节的点火数值仿真算例,进一步验证了前面得出的后缘突扩凹腔后缘位置为优化点火位置的结论,揭示了在强迫点火源作用过程中,活化基团相比于高温热环境将发挥更为主导的点火强化作用。

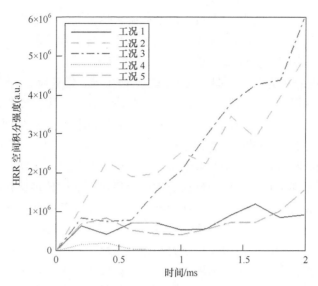

图 4.55　不同工况在强迫点火过程中 HRR 空间积分强度随时间的变化曲线

4.6　本 章 小 结

　　本章以超声速来流条件下的凹腔稳焰器强迫点火过程为研究对象，综合运用 CH*基或 OH*基自发辐射、火焰高速图像、高速纹影等光学实验观测手段，分别采用聚能火花塞点火方式和激光诱导等离子体点火方式，对强迫点火过程中燃料喷注方案优化、凹腔构型对强迫点火过程的影响、强迫点火过程点火位置优化以及强迫点火模式开展了实验研究分析。得到的主要结论如下：

　　(1) 在凹腔后缘 LIP 点火以后，当采用凹腔上游燃料喷注方案时，初始火焰会在凹腔后缘驻留并增长为全局火焰，当采用凹腔主动式燃料喷注方案时，初始火焰会向凹腔前壁面发展并在那里逐渐增长为全局火焰；凹腔上游并联式燃料喷注方案要比凹腔上游串联式燃料喷注方案更利于初始火焰的形成与传播、实现可靠的点火，它是利于点火优化的凹腔上游燃料喷注方案；凹腔前壁面燃料喷注方案要比凹腔后壁面燃料喷注方案更加适合初始火焰的形成与传播，它是利于点火优化的凹腔内部主动式燃料喷注方案。

　　(2) 初始火焰在发动机横向截面上的初始火焰传播路径为：首先初始火核形成后向凹腔前壁面传播，达到前壁面以后向两个侧壁发展并在前壁面处聚集，经过一段时间以后，这里的初始火焰不断变强变大进而开始向凹腔后壁面方向传播，最终在凹腔内形成一个稳定的全局火焰；初始火焰沿着发动机两个侧壁面传播这一现象是矩形超燃冲压发动机燃烧室中典型的初始火焰传播特点，即存在初始火焰传播的边缘效应；凹腔构型对点火以及初始火焰传播过程影响很大，随着凹腔后缘高度的降低，凹腔内部会形成一个更加恶化并且不利于点火的流场环境，进而会影响随之的初始火焰传播过程。

(3) 凹腔内的强迫点火机理由以下四个阶段主导，分别为等离子体点火阶段、等离子体猝熄阶段、再点火阶段和稳定火焰阶段。在后缘突扩凹腔强迫点火后的初始火焰传播过程中,普遍存在初始火焰先减弱再逐渐增强的初始火焰沉寂现象，这一阶段 CH*基信号非常弱，类似于熄灭状态，对应着等离子体猝熄阶段；在初始火焰传播到凹腔外以后，初始火焰中还存在反应释热区回传现象，而且燃料喷注当量比越高，强迫点火以后初始火焰中反应释热区的回传现象越明显，这对应着再点火阶段和稳定火焰阶段；上述现象揭示了一个完整的凹腔火焰建立过程。

(4) 数值仿真结果表明，在凹腔底壁上方且在亚声速区域以内是实现可靠 LIP 点火的必要因素；凹腔后缘位置由于具有相对富燃的燃料分布条件以及相对适宜的湍流流动条件，该点火位置为后缘突扩凹腔内优化的 LIP 点火位置。

(5) 在点火过程中相同时刻 OH*基组分分布要比 CH*基大，暗示高温燃烧产物的热效应会促进点火过程中的化学反应进程；在随后的火焰稳定过程中，凹腔内部的热和化学环境也同样会促进凹腔剪切层内的化学反应，为点燃燃烧室中的燃料射流提供一个持续的热源；点火过程中 CH*基和 OH*基的组分分布变化规律表明，凹腔角回流区为初始火焰的发展提供了适宜热和化学环境，对点火过程具有非常重要的作用；增加激光能量和燃料喷注当量比都是实现可靠点火的有效方式。

(6) 在超声速凹腔燃烧室中存在弱点火模式和强点火模式。在弱点火模式中，点火过程是在凹腔回流区辅助下完成的，这种模式在低当量比条件下发生；在强点火模式中，强烈的初始火焰主导了点火过程，这种模式在相对高当量比条件下发生；在中等当量比条件下，在弱点火模式和强点火模式之间还普遍存在过渡点火过程；在强迫点火源作用过程中，诱导产生的活化基团相比于高温热环境将发挥更为主导的点火强化作用。

参 考 文 献

[1] 蔡尊. 超声速后缘突扩凹腔燃烧室中的点火与火焰稳定过程研究[D]. 长沙: 国防科技大学, 2018.

[2] Gruber M R, Donbar J M, Carter C D, et al. Mixing and combustion studies using cavity-based flameholders in a supersonic flow[J]. Journal of Propulsion and Power, 2004, 20(5): 769-778.

[3] 蔡尊, 朱家健, 孙明波, 等. 基于主动喷注方式的后缘突扩凹腔激光诱导等离子体点火实验研究[J]. 推进技术, 2019, 40(1): 115-122.

[4] Brieschenk S, O'Byrne S, Kleine H. Laser-induced plasma ignition studies in a model scramjet engine[J]. Combustion and Flame, 2013, 160(1): 145-148.

[5] Cai Z, Zhu X B, Sun M B, et al. Experimental study on the combustion process in a scramjet

combustor with a rear-wall-expansion geometry[J]. Journal of Aerospace Engineering, 2018, 31(5): 1-7.

[6] Cai Z, Liu X, Gong C, et al. Large eddy simulation of the fuel transport and mixing process in a scramjet combustor with rearwall-expansion cavity[J]. Acta Astronautica, 2016, 126: 375-381.

[7] 吴锦水. 超声速气流中火焰传播过程的实验及数值模拟研究[D]. 长沙: 国防科技大学, 2016.

[8] Kouchi T, Masuya G, Mitani T, et al. Mechanism and control of combustion-mode transition in a scramjet engine[J]. Journal of Propulsion and Power, 2012, 28(1): 106-112.

[9] Cai Z, Zhu J J, Sun M B, et al. Spark-enhanced ignition and flame stabilization in an ethylene-fueled scramjet combustor with a rear-wall-expansion geometry[J]. Experimental Thermal and Fluid Science, 2018, 92: 306-313.

[10] Cai Z, Zhu J J, Sun M B, et al. Laser-induced Plasma Ignition in a cavity-based Scramjet Combustor[J]. AIAA Journal, 2018, 56(12): 4884-4892.

[11] Wang H B, Wang Z G, Sun M B, et al. Combustion modes of hydrogen jet combustion in a cavity-based supersonic combustor[J]. International Journal of Hydrogen Energy, 2013, 38(27): 12078-12089.

[12] Zhang S D, Wang X H, He M H, et al. Laser-induced plasma temperature[J]. Spectrochimica Acta Part B: Atomic Spectroscopy, 2014, 97: 13-33.

[13] An B, Wang Z G, Yang L C, et al. Experimental investigation on the impacts of ignition energy and position on ignition processes in supersonic flows by laser induced plasma[J]. Acta Astronautica, 2017, 137: 444-449.

[14] Wang Z G, Cai Z, Sun M B, et al. Large eddy simulation of the flame stabilization process in a scramjet combustor with rearwall-expansion cavity[J]. International Journal of Hydrogen Energy, 2016, 41(42): 19278-19288.

[15] Cai Z, Zhu J J, Sun M B, et al. Ignition processes and modes excited by laser-induced plasma in a cavity-based supersonic combustor[J]. Applied Energy, 2018, 228: 1777-1782.

[16] Allison P M, Frederickson K, Kirik J W, et al. Investigation of supersonic combustion dynamics via 50 kHz CH chemiluminescence imaging[J]. Proceedings of the Combustion Institute, 2017, 36(2): 2849-2856.

[17] Rasmussen C C, Dhanuka S K, Driscoll J F. Visualization of flameholding mechanisms in a supersonic combustor using PLIF[J]. Proceedings of the Combustion Institute, 2007, 31(2): 2505-2512.

[18] Ombrello T M, Carter C D, Tam C J, et al. Cavity ignition in supersonic flow by spark discharge and pulse detonation[J]. Proceedings of the Combustion Institute, 2015, 35(2): 2101-2108.

[19] Dong G, Fan B C, Ye J F. Numerical investigation of ethylene flame bubble instability induced by shock waves[J]. Shock Waves, 2008, 17(6): 409-419.

[20] Wang X, Zhong F Q, Gu H B, et al. Numerical study of combustion and convective heat transfer of a Mach 2.5 supersonic combustor[J]. Applied Thermal Engineering, 2015, 89: 883-896.

[21] Liu X, Cai Z, Tong Y H, et al. Investigation of transient ignition process in a cavity based scramjet combustor using combined ethylene injectors[J]. Acta Astronautica, 2017, 137: 1-7.

第 5 章　凹腔中的火焰稳定与稳燃模式

相较于其他实际应用于超燃冲压发动机燃烧室的稳焰装置，凹腔稳焰器的优势在于其能够有效抑制燃烧不稳定现象，减少内流道尤其是凹腔后壁面带来的阻力与总压损失。在不同的凹腔构型中，后缘突扩型较之常规非突扩凹腔能够大大延缓高当量比低飞行马赫数条件下发动机热壅塞现象的发生，从而改进发动机整体性能。但是，后缘突扩型是一把双刃剑，在一定条件下能够发挥上述应用优势，与此同时，一个较低的凹腔后缘也会对凹腔燃烧特性带来显著的负面影响[1]。因此，研究后缘突扩凹腔的燃烧特性与稳燃模式对于指导凹腔稳焰器设计具有重要意义。

本章将通过实验观测与数值模拟研究不同凹腔构型下的燃烧特性，分析凹腔后缘突扩效应对火焰稳定能力、燃料的燃烧效率、火焰的空间结构的影响，并进一步探讨后缘突扩凹腔的稳燃模式及其所蕴含的火焰稳定和传播机制。

5.1　凹腔上游喷注燃料的燃烧流场特征

为了明晰不同构型的凹腔上游喷注气态燃料燃烧流场特征，并进一步探究凹腔后缘高度这一几何构型因素对燃烧特性的影响，本节开展了一系列实验研究，并从中选取典型工况进行较为精细的数值模拟研究，以期获得更为翔实的流场时空信息并辅证实验研究的结论。

5.1.1　实验工况与计算设置

本节中的实验系统已经在第 2 章中详细介绍过，这里不再赘述。为了贴近工程应用背景，实验段燃烧室采用了单边扩张构型。较之等直截面构型，扩张型燃烧室内流道可以缓解燃烧室中由强燃烧高反压引起的热过载或热壅塞，也是亚/超燃冲压发动机双模态燃烧室常用构型。本节用到的单边扩张模型燃烧室即保持流道上壁面始终水平，下壁面向下倾斜从而引起内流道整体扩张的构型方案。

燃烧室构型如图 5.1 所示，两个燃料喷孔均位于展向中心线上，分别距离凹腔前缘 30mm 与 10mm。为简便表达，定义更加靠近上游的喷孔为 J1，更加靠近凹腔的喷孔为 J2。实际上，J1 与 J2 是由可更换喷孔直径的喷注模块组成，可供选择的喷孔直径有 2mm 与 3mm 两种尺寸。

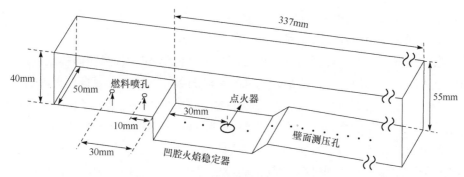

图 5.1 燃烧室构型

本节实验中采用了氢气与乙烯两种气态燃料。乙烯作为碳氢燃料，与氢气燃料相比，其点火延迟时间较长，所需的点火能量也更高，为了保证实验中点火成功，本节采用聚能火花塞点火系统，该系统由聚能点火储能电源与半导体火花塞构成，工作时火花塞放电能量为 4.5J，放电频率为 100Hz。点火器位于凹腔底壁上，其中心位置距离凹腔前壁 30mm。沿着展向中心线的底壁至凹腔下游壁面，分布有十数个测压孔。为了监测来流空气，在隔离段中也布置了数个测压孔。

本节采用的凹腔几何构型如图 5.2 所示。凹腔与燃烧室内流道等宽 $W = 50\text{mm}$，凹腔底壁保持水平，长度为 48mm。凹腔前缘深度 $D = 12\text{mm}$，前缘壁面垂直于上游壁面与凹腔底壁。凹腔后缘倾角 $A = 45°$，后缘顶点距离底壁高度为 H，也是本节研究的重点尺寸参数。

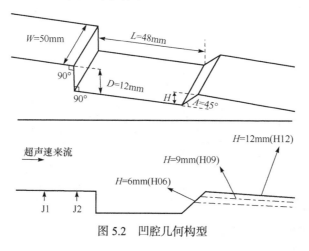

图 5.2 凹腔几何构型

本节考虑三种不同高度的凹腔后缘。当后缘高度 $H = 12\text{mm}$ 与前缘深度 D 相同，则简称凹腔 H12；将后缘高度 $H = 9\text{mm}$ 略低于前缘深度的后缘突扩凹腔称为凹腔 H09；将后缘高度 $H = 6\text{mm}$ 为前缘深度一半的后缘突扩凹腔称为凹腔 H06。

根据第 3 章中关于突扩率的定义，上述三种凹腔构型分别对应于常规非突扩凹腔(0)、弱后缘突扩率凹腔(0.25)与强后缘突扩率凹腔(0.5)。

　　实验选取了气态乙烯与氢气两种气态燃料。相较于包括乙烯在内的碳氢燃料，氢气点火延迟时间较短，在当前较高来流总温的条件下具备实现自点火火焰稳定的可能性，这为后面研究后缘突扩凹腔中的稳燃模式转换提供了条件。凹腔构型采用了强突扩效应凹腔 H06、弱突扩效应凹腔 H09 和常规非突扩凹腔 H12。对于给定的燃烧室凹腔构型，实验中通过调整凹腔上游两个喷孔的开关、喷孔的直径及燃料的喷注总压来实现燃料/空气全局当量比 Φ 的变化，继而观察不同凹腔构型与不同全局当量比条件下的凹腔火焰特征。

　　表 5.1 给出了凹腔上游喷注气态乙烯燃料的燃烧实验工况，共计 15 个，分别对应编号 1～15，为表达方便，直接使用"工况 X"描述当前的实验条件设置。在具体进行实验时，每个工况将会重复开展，以确保所观测到的现象稳定可复现。15 个实验工况中，每三个为一小组，对应不同的凹腔构型，例如，工况 1 使用凹腔 H12，工况 2 使用凹腔 H09，工况 3 使用凹腔 H06。每一小组对应一套喷注条件，即同一个全局当量比。15 个工况对应的 5 个小组在当前实验条件设置下的全局当量比 Φ 分别为 0.27、0.11、0.46、0.72、0.89。受限于燃烧室热承受能力与燃料供应压力，并未设置全局当量比超过 1 的实验工况。需要说明的是，在计算全局当量比时，声速喷孔的流量系数计算使用了工程估算方法，并根据已有经验给出了 0.95 的流量损失系数。

表 5.1　凹腔上游喷注乙烯燃烧实验工况

实验工况	凹腔构型	喷孔 J1	喷孔直径 d_1/mm	喷孔 J2	喷孔直径 d_2/mm	喷前总压 p_{j0}/MPa	Φ
1	H12	×	×	✓	3		
2	H09	×	×	✓	3	1.21	0.27
3	H06	×	×	✓	3		
4	H12	×	×	✓	2		
5	H09	×	×	✓	2	1.05	0.11
6	H06	×	×	✓	2		
7	H12	×	×	✓	3		
8	H09	×	×	✓	3	2.14	0.46
9	H06	×	×	✓	3		
10	H12	✓	3	✓	3		
11	H09	✓	3	✓	3	1.62	0.72
12	H06	✓	3	✓	3		

实验 工况	凹腔 构型	喷孔 J1	喷孔直径 d_1/mm	喷孔 J2	喷孔直径 d_2/mm	喷前总压 p_{j0}/MPa	$\varPhi$
13	H12	✓	3	✓	3		
14	H09	✓	3	✓	3	2.02	0.89
15	H06	✓	3	✓	3		

另外，前三小组实验工况 1～9 为下游单孔喷注(仅 J2 打开)，后两小组实验工况 10～15 为双孔喷注(J1 与 J2 同时打开)，在不影响核心研究目标的前提下，为了节约计算量，从单孔喷注实验工况中选取较为典型的工况作为数值模拟的实验对象，即 7～9 工况。

表 5.2 列出了凹腔上游喷注氢气燃料的燃烧实验工况，共计 9 个，按照前述乙烯实验工况的设置逻辑，分为三组。其中，第一组工况 16～18 对应低当量比燃料供应条件，仅打开下游 2mm 直径喷孔(J2)，喷注总压 1.21MPa，全局当量比 $\varPhi=0.09$；第二组工况 19～21 对应中等当量比，同时打开喷孔 J1 与 J2，且喷孔直径均设置为 2mm，在喷前总压为 2.14MPa 下全局当量比达到 $\varPhi=0.27$；最后一组实验工况大幅提升全局当量比，目的是观测不同凹腔构型下可能产生的稳燃模式变化，此时同时打开直径为 3mm 的上游喷孔 J1 与下游喷孔 J2，并施以 2.50MPa 的喷前总压，如此实现了高达 $\varPhi=0.70$ 的喷注氢气/来流空气全局当量比。

表 5.2　凹腔上游喷注氢气燃烧实验工况

实验 工况	凹腔 构型	喷孔 J1	喷孔直径 d_1/mm	喷孔 J2	喷孔直径 d_2/mm	喷前总压 p_{j0}/MPa	$\varPhi$
16	H12	✗	✗	✓	2		
17	H09	✗	✗	✓	2	1.21	0.09
18	H06	✗	✗	✓	2		
19	H12	✓	2	✓	2		
20	H09	✓	2	✓	2	2.14	0.27
21	H06	✓	2	✓	2		
22	H12	✓	3	✓	3		
23	H09	✓	3	✓	3	2.50	0.70
24	H06	✓	3	✓	3		

从氢气燃烧实验工况中选取了较低当量比的一组作为数值模拟研究对象，即表 5.2 中工况 16～18。关于喷前总压的测量需要在此处特别说明，在实验过程中，喷前总压是通过喷嘴前管路中的压力传感器测得，而受限于燃料气瓶与上游

管路供应压力的稳定性以及传感器工作原理，实际测量的喷前总压在喷孔工作时间段内并非保持平稳，而是呈现一个高压建立后缓缓下降的变化趋势，表 5.1 与表 5.2 中给出的喷前总压对应于该缓慢下降段的平均压力值，因此，点火往往选取在喷注压力曲线趋于稳定后的时刻。

为了在实验中实时关注燃烧带来的壁面压力变化，在燃烧室下壁面布置了 16 个壁面压力监测点。此外，为了确保每个实验工况的来流条件相对稳定且考察燃烧室中的反应是否会影响上游气流，在隔离段中也布置了 4 个壁面压力监测点，同样在下壁面上。依据流向顺序，将这 20 个壁面压力监测点标记为压力测点 1～20，20 个压力测点的具体位置及间距分布见图 5.3。其中，压力测点 5 与 6 在凹腔底壁点火器的上游，靠近凹腔前缘一侧，可用于敏感凹腔前缘附近的回流区中的压力变化，7 号测点位于靠近凹腔后缘的底壁上，需要特别说明的是 8 号测点，由于不同凹腔构型具有不同的后缘高度，对于凹腔 H12 与 H09，8 号压力测点位于凹腔后缘斜坡上，而对于后缘突扩程度最高的凹腔 H06，8 号压力测点在后缘下游的壁面上。9～20 号压力测点沿流向以 10mm 等间距分布于凹腔下游底壁上。压力采样间隔设定为 10ms，可记录频率不高于 100Hz 的低频压力脉动。

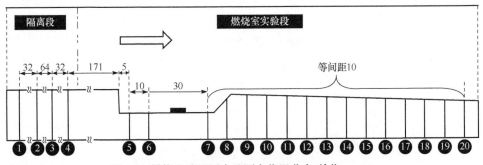

图 5.3　燃烧室壁面压力监测点位置分布(单位：mm)

本节采用的光学观测手段所对应的观测成像区域或位置如图 5.4 所示。实验中通过高速相机捕捉燃烧室火焰可见光强度，观测区域基本包含了燃烧室整个上游观测窗。在乙烯燃烧实验工况中，在凹腔附近区域使用了 CH*基自发辐射成像技术，并重点关注凹腔下游一侧。受限于激光能量与 PLIF 光路中的透镜尺寸，本节用于开展 OH-PLIF 实验的激光片光在到达燃烧室中只能展成宽度约为 55mm 的有效成像激光片光，这意味着为了在展向中心截面上较为完整地覆盖凹腔附近本节较为关心的区域，不得不在凹腔的上游与下游区域各聚焦一次，形成激光片光区域 S1 与激光片光区域 S2，两者在后缘附近略有重合。同时，为了观测反应区沿展向的分布特性，本节在实验中布置了两个流向的 PLIF 激光片光，分别位于凹腔内截面 S3(距离凹腔前缘 35mm)与凹腔下游截面 S4(距离凹腔前缘 75mm)。

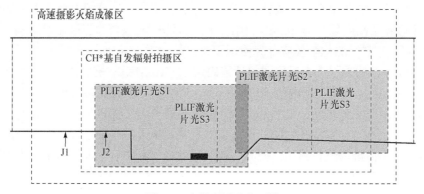

图 5.4　光学观测成像区域

凹腔燃烧数值模拟所采用的计算域构型、网格、边界条件等相关设置与 3.1 节中凹腔上游喷注混合算例中完全一致, 细节参数可参考 3.1 节。实际上, 燃烧算例的前序数据正是燃料混合无反应准稳态流场结果。依据实验时序, 喷孔将在加热器出口空气趋于稳定后打开, 并在打开喷注后一段时间内(实验中设定为100ms)再激活聚能火花塞进行点火, 为了使数值模拟更加贴近实验中点火的真实物理过程, 选取如图 5.5 所示的点火区域。在计算中, 待凹腔内已有足够多的燃料与空气混合, 在靠近凹腔点火器的位置(具体坐标在图 5.1 给出), 设置一个流向长度 15mm、展向宽度 20mm、横向厚度 4.5mm 的长方体区域, 并对其内部区域的流体赋予一个较高的静温 2000K, 并调整当地静压, 以模拟火花塞工作后形成的初始高温火核。高温火核进一步点燃周围区域的未燃混气, 借助剪切层及回流区的速度与混合条件, 反应区将迅速蔓延至剪切层外主流区域。

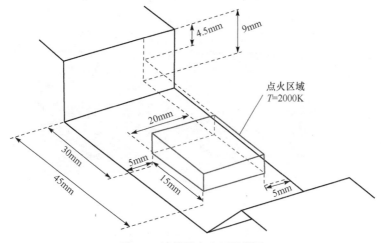

图 5.5　计算域点火区域设置

本章所开展算例均采用隐式双时间步时间推进方法，对流项使用7阶非线性过滤器格式，黏性项空间导数计算采用6阶中心差分。计算域入口上下两侧壁面的湍流边界层高度均取为3mm，利用合成涡方法生成入口边界层湍流脉动。乙烯/空气与氢气/空气的化学反应计算使用了改进简化反应机理，需要额外说明的是，氢气燃烧算例的有限速率反应源项计算启用了CHEMKIN模块，而乙烯燃烧算例中的化学反应源项则依据改进机理的算法给出，乙烯燃烧的多组分扩散系数采用恒定刘易斯数假设，而氢气燃烧通过详细算法给出混合物相对每个组分的扩散系数。湍流与化学反应的相互作用通过本节提出的基于两点求积方法的部分搅拌反应器/尺度相似模型进行封闭。同时，取湍流普朗特数 $Pr_t = 0.9$，而湍流施密特数 Sc_t 采用简化算法给出。

5.1.2　后缘突扩凹腔中乙烯燃烧流场结构特征分析

本节针对实验工况 8(H09 后缘突扩凹腔，乙烯/空气全局当量比 $\Phi = 0.46$)开展后缘突扩凹腔上游喷注乙烯燃烧的数值模拟研究，并分析燃烧流场结构特征。无量纲释热率 HRR 着色的速度梯度张量第二不变量 Q 等值面及展向中心截面上的密度梯度幅值云图展示了典型瞬态下该燃烧流场波系、涡系及反应释热区结构，如图 5.6 所示。首先，流场波系结构中最为显著的仍旧是射流弓形激波，弓形激波将在上壁面反射再次回到主流中，在此过程中又将与射流穿透边缘上的大尺度涡结构引起的系列非稳态激波或压缩波交叉，这使得上方主流在经过射流弓形激波后进入了一个充满复杂压缩波系的通道，而由此产生的扰动又将反馈到射流空气混合层上来。与冷态喷注混合流场类似，射流喷孔上游分离区将诱导生成一道较强的分离激波，并与近壁端射流弓形激波交叉形成"λ激波"结构。在混合流场的分析中已经看到，这些激波的存在将有助于射流的穿透。

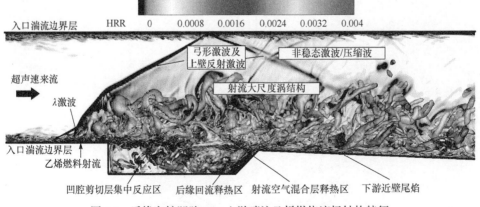

图 5.6　后缘突扩凹腔 H09 上游喷注乙烯燃烧流场结构特征

　　借助合成涡入口湍流边界层生成方法，来流壁面边界层中涡结构将在入口产生，并随流到达射流喷孔处。射流在喷注混合过程中将沿着穿透边缘生成一系列大尺度涡结构，这些大尺度涡结构进一步加速射流中携带的燃料与主流空气的混合，而其中尤为重要的是靠近凹腔一侧与凹腔剪切层及回流区内的燃料掺混，展向的旋流能够使更多的位于射流中心高速区域的燃料得以进入到低速区并与当地的新鲜空气充分混合，从而支撑反应区内的燃烧。释热的空间分布则可以揭示出燃烧流场的反应区结构，不难看出，尽管凹腔 H09 具有后缘突扩构型，但反应释热区仍旧主要集中于凹腔内，凹腔下游将散布诸多反应气团，并在近壁区形成较为稳定的尾焰释热区。而更为显著的是沿着凹腔剪切层形成的集中反应区，上游的乙烯燃料将与空气剧烈反应，并生成大量的化学释热，这些释热进一步支撑此处的燃烧自持，由此形成火焰基底。同时，在火焰传播机制主导下，反应区将进一步延伸到射流中心区域。此外，可以注意到，在当前当量比条件下，仍有富余的燃料会沿着凹腔剪切层上游区域到达凹腔后部，因而在靠近凹腔后缘的回流区内也将形成一个剧烈的释热区。

　　图 5.7 直观展示了燃烧流场中的高温区及射流附近气体的运行轨迹。与前述剪切层集中释热区吻合，凹腔回流区前部靠近剪切层附近的区域具有全流场最高的温度。此外，靠近凹腔后缘的射流中心区域及凹腔下游展向中心截面附近温度也较高，这些区域被外侧较冷的主流包裹着，但与此同时，外部主流也将更多的氧气提供给了核心区的火焰。喷孔上游的主流在碰撞到燃料射流后向两侧及上方分开，两翼的新鲜空气将一部分被卷吸进入回流区中，并形成由两侧向展向中心靠拢的运动趋势。不难看出，凹腔前部剪切层是兼备优良混合条件与速度条件的区域，也为该区域内火焰基底的形成提供了合适场所。

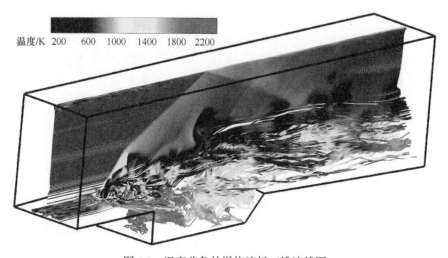

图 5.7　温度着色的燃烧流场三维流线图

值得注意的是，与反应区集中于凹腔回流区前部这一特征不同的是，壁面压力在凹腔下游的扩张段壁面上显著提升，如图 5.8 所示。甚至凹腔后缘壁面上压力也要高于前部底壁，本节的实验与计算同时捕捉到了这一特征。可以认为，尽管剪切层集中释热区的燃烧显著提升当地温度，但由于凹腔的质量交换率较大，回流区前部所保有的流体质量(密度)并不高，其自身仅作为一个自持点火源，不断点燃上游来流混气。也就是说，壁面压力测点 5 号与 6 号并不能直接反映燃烧室整体的燃烧强度，而在凹腔下游较远位置处，壁面压力因流道中燃料的充分燃烧得以明显抬升。尽管受限于计算域尺寸，本节计算无法捕捉到下游的高压区，但在凹腔及后缘附近这一范围内，计算结果与实验数据整体吻合得较好，这也验证了本节所建立的超声速湍流燃烧数值模拟方法体系对燃烧流场反应区的分布规律预测较为合理。

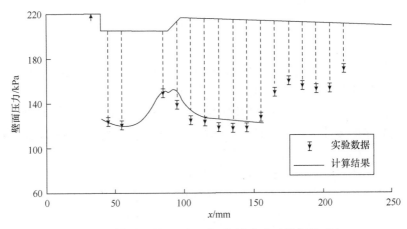

图 5.8　计算得到的工况 8 壁面压力与实验数据的对比

为进一步考察回流区及射流周围释热区的展向分布特性，图 5.9 显示了不同流向截面上的无量纲释热率(HRR)的等值线分布，并以释热率大小着色。

其中流向位置 $x = 55 \sim 88\mathrm{mm}$ 的截面在凹腔内，其余则在凹腔下游区域。可以看到，在距离射流出口较近的截面 $x = 55\mathrm{mm}$ 处，高释热区域几乎占据了整个凹腔回流区与剪切层，而随着流向距离的增加，射流中心位置开始出现显著释热，同时回流区内的集中释热区开始分裂，在 $x = 77\mathrm{mm}$ 截面上，回流区内的释热分布更加均匀，而射流下部靠近剪切层区域出现了一块集中释热区，甚至还有部分反应区被射流中的涡结构"甩出"到上方主流中。而在靠近凹腔后缘壁面的 $x = 88\mathrm{mm}$ ，回流区内的燃烧再次成为主导，这与图 5.6 所揭示的释热空间分布是吻合的。凹腔下游区域整体释热较弱，多集中于近壁区，且展向中心位置的释热并不显著高于两侧，呈现零散的非稳态尾焰特征。

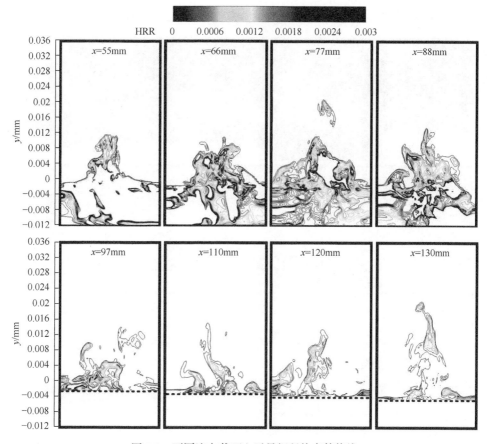

图 5.9 不同流向截面上无量纲释热率等值线

图 5.10 给出了燃烧流场中燃料 C_2H_4、产物 H_2O 的质量分数以及静压的分布。由图可以看到，尽管许多燃料在凹腔剪切层/回流区内被消耗，但仍旧有相当一部分被射流携带至下游区域，并且在此过程中，不断有高浓度燃料气团被大尺度涡结构输运至主流中，而这部分未被凹腔集中反应区消耗掉的燃料也为凹腔下游区域的燃烧提供了原料。从产物 H_2O 的质量分数来看，得益于前述凹腔集中反应区，凹腔剪切层与回流区的中后部生成了大量的反应产物，这些产物在后缘附近与上方空气混合，并顺着主流向下游运动，在此过程中不断被空气稀释。值得注意的是，计算中观察到射流喷孔下游与凹腔前缘之间有一定量的 H_2O 生成，这意味着射流喷孔下游背风坡回流区中亦存在一定强度的燃烧。另外，压力云图显示出，凹腔回流区及剪切层的上游燃烧区域局部压力梯度较大，而后缘及后缘下游相当长一段距离内的火焰中压力却相差不大，这与图 5.8 中所给出的实验压力数据(测点)所显示的趋势是一致的。另外，与冷态混合流场相比，由于燃烧存在，射流下

游主体与凹腔剪切层相接触的区域内的压力脉动变得更加紊乱。

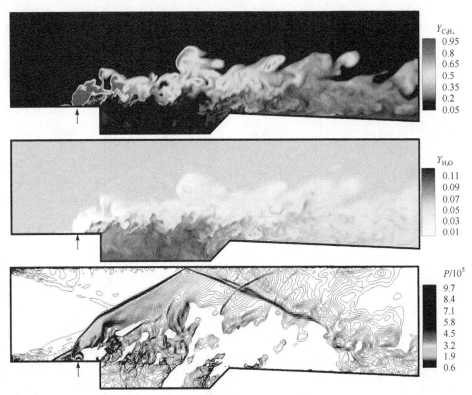

图 5.10 典型瞬态下燃烧流场展向中心截面上的燃料 C_2H_4、产物 H_2O 质量分数云图与压力等值线

下面讨论燃烧流场中的局部燃烧模式，首先需定义火焰因子 (flame index, FI)，该因子用于反映燃烧反应锋面上燃料与氧化剂所处的相对位置，并以此来确定该局部的燃烧是由预混模式还是由非预混模式主导，其定义如下：

$$FI = \nabla Y_{C_2H_4} \cdot \nabla Y_{O_2} \tag{5.1}$$

其中，$Y_{C_2H_4}$ 与 Y_{O_2} 分别为乙烯与氧气的质量分数。当 FI > 0 时，火焰处于预混燃烧模式；反之，当 FI < 0 时，火焰处于非预混燃烧。同时，将 1200K 以上的高温区域纳入统计，并分别在凹腔回流区内(此处定义为凹腔唇口线以下区域)及凹腔下游两个区域空间内均匀采样大量的数据点，并将采样点上的温度与火焰因子 FI 绘制在图 5.11 所示的联合分布规律图上。

如图 5.11(a)所示，显然，凹腔回流区内大部分区域的燃烧以预混模式存在。大量的采样点分布于1500K < T < 2000K 及 FI > 0 区域内，这一趋势与上游燃料射流经凹腔卷吸进入回流区内并燃烧的过程是符合的。可以注意到，凹腔回流区内部分区域的燃烧也存在非预混特征，这应当归因于射流中心下方的富余燃料在消耗掉已经混合好的空气之后，再与中心两侧由剪切层进入回流区中的那部分空气产生的类扩散燃烧。图 5.11(b)所显示的凹腔下游区域内的燃烧模式则与回流区内的燃烧有所差异。尽管有大量的采样点分布于上半周 FI > 0 区域，但这些局部温度往往较低，大多低于 1300K。进而关注 FI < 0 所示的非预混燃烧区则不难发现，部分采样点较为均匀地分布于 1500K 以上的高温区，说明在下游区域扩散主导的局部燃烧开始变得显著。

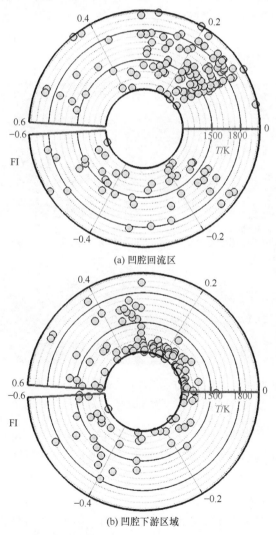

(a) 凹腔回流区

(b) 凹腔下游区域

图 5.11　燃烧流场不同区域内的温度与火焰因子联合分布规律

5.1.3 后缘突扩凹腔中氢气燃烧流场结构特征分析

本节在实验工况 17 条件下(后缘突扩凹腔 H09,氢气/空气全局当量比 $\Phi = 0.09$)开展后缘突扩凹腔上游喷注氢气燃烧流场的实验观测与数值模拟研究。

结合 OH-PLIF 图像,图 5.12 给出了燃烧流场展向中心截面上 OH 基分布的计算结果与实验数据的对比。需要说明的是,激光片光平面 S1 与 S2 上的 OH-PLIF 信号并非取自同一时刻,但反映了该实验工况下 OH 基分布的典型特征。可以看到,计算得到的 OH 基整体分布范围与 OH-PLIF 图像大体吻合,即大量集中于凹腔回流区内与下游近壁区域。但与实验有所差异的是,在计算得到的燃烧流场中,凹腔回流区前部靠近凹腔前缘壁面的区域中 OH 基更为密集,而实验中则是剪切层附近 OH 基浓度更大,这可能是由于当前的湍流燃烧计算方法高估了氢气与空气在回流区前部的反应速率导致的。

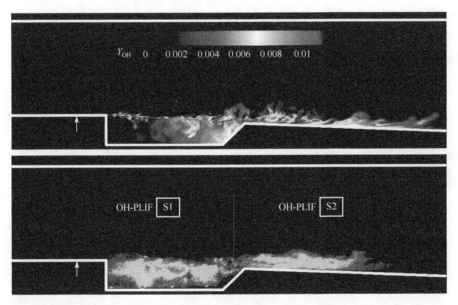

图 5.12 后缘突扩凹腔 H09 上游喷注氢气燃烧流场展向中心截面上 OH 基的计算结果与实验数据

图 5.13 考察了燃烧流场的温度分布及速度特性。与计算得到的 OH 基分布规律类似,凹腔回流区前部及下游近壁区是高温燃烧区,凹腔回流区中后部及剪切层内的反应区温度则相对略低。同时,从图中的声速线($Ma = 1$)可以看到,绝大部分的高温反应区均位于亚声速区,这也说明凹腔回流区的滞缓效应对于超声速气流中的火焰稳定起着至关重要的作用,有理由相信下游近壁区火焰的持续存在

也得益于上游凹腔稳定的火焰基底。

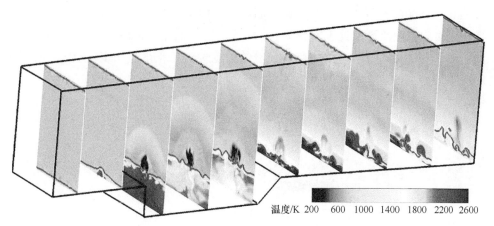

温度/K 200 600 1000 1400 1800 2200 2600

图 5.13　燃烧流场流向截面上瞬时温度云图与声速线

图 5.14 进一步对比了燃烧流场流向沿程 OH 基的生成率。此处，相对 OH 基浓度是指在时均燃烧流场的不同流向截面上统计通过该截面的 OH 基质量流率并以最大值归一化。如前所述，凹腔回流区内生成了大部分的 OH 基，而有趣的是，在凹腔后缘附近，OH 基急剧减少，这意味 OH 基作为中间产物，在凹腔后缘附近区域被反应机理中那些与之相关的子反应大量消耗。而在下游区域，随着氢气的燃烧，部分 OH 基再次生成。

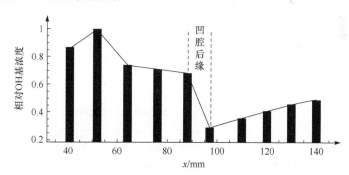

图 5.14　时均计算结果中提取的相对 OH 基浓度沿流向的分布规律

为揭示产物与燃烧高温区以及湍流脉动强度与反应释热的关系，图 5.15 显示了回流区内温度与燃烧终产物 H_2O 的质量分数以及无量纲湍动能(turbulent kinetic energy, TKE)与相对释热强度的联合分布规律。

如图 5.15(a)所示，燃烧的终产物 H_2O 的质量分数与当地静温幅值呈正相关关系，且在高温区(虚线圈)两者近似呈线性关系。不难理解，终产物 H_2O 的生成对应于反应机理中释热最强的子过程，且温度越高，H_2O 生成的速率越快。在 $T = 800 \sim 1500K$ 范围内，产物 H_2O 与温度呈正相关，但分布散布范围较广，这些数据点对应于回流区中处于预反应主导阶段的局部燃烧。而低温区间 $T < 800K$ 内的那部分 H_2O 主要是由主流空气或较冷的预混射流携带进入到回流区中。

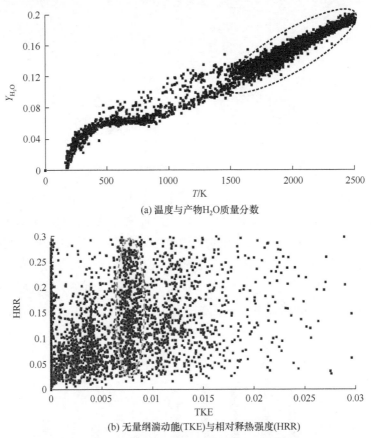

(a) 温度与产物H_2O质量分数

(b) 无量纲湍动能(TKE)与相对释热强度(HRR)

图 5.15　燃烧流场中系列标量的联合分布散点图

进一步关注相对释热强度 HRR 与无量纲湍动能 TKE 的联合分布规律。需要指出，相比于射流空气混合层中的大尺度涡结构，凹腔回流区内的湍动能是相对较弱的，但有趣的是，可以明显地从图 5.15(b)中看到，采样数据点的释热会在某些特定的 TKE 取值范围内大量聚集(如图中虚线圈所示)，这说明回流区内的局部燃烧释热与当地的湍流强度两者间蕴含了一定关联性，而这些湍动能的大小往往对应于特定尺度的涡结构，因此会受制于大涡模拟方法中的滤波尺度及计算域网格尺度，从这个意义上说，一个合理的湍流化学反应相互作用封闭模型对湍流燃烧数值模拟而言是十分重要的。

5.2　燃料喷注方案对火焰结构与燃烧强度的影响

5.2.1　实验工况

在本节实验中，以常温气态氢气为燃料，开展火焰稳定的研究[2]。图 5.16 展示的是后缘突扩凹腔构型示意图，凹腔前缘高度 D_1、凹腔后缘高度 D_2、凹腔底壁长度 L、凹腔宽度 W 及凹腔后缘倾角 A 分别为 20mm、10mm、90mm、50mm和 45°。在凹腔上游有 6 个 2mm 直径的燃料喷孔，在 10mm 和 30mm 处各有 3 个喷孔，每一组喷孔由三等分燃烧室的 2 个喷孔和两等分燃烧室的 1 个喷孔组成。所有喷孔喷注方向垂直于来流空气，具体位置设置如图 5.16 所示。

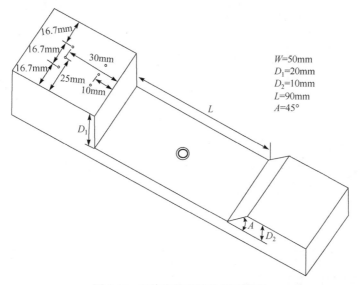

图 5.16　后缘突扩凹腔构型示意图

本节光学观测将采用 OH*基自发辐射成像和高速摄影成像相结合的方法开展。高速摄影相机型号为 FASTCAM SA-X2，加装一个 f/1.4 的 50mm 定焦尼康镜头。为了观察点火与火焰稳定过程，相机拍摄速度设置为 20000 帧/s，曝光时间为 1/20670s，拍摄分辨率为 1024×512 像素。此外，用一台加装一个(焦距 95mm光圈 f/1.4)UV 镜以及一个(中心波段 311nm, 带宽 10nm)窄带滤光片的 ICCD 相机实现了对燃烧过程中 OH*基自发辐射信号的捕捉。ICCD 相机的拍摄速度为 3 帧/s，曝光时间为 2μs。此外，流场壁面压力由 32 个安装在发动机底壁的测压管测量，其测量频率为 100Hz，压力测量误差为±0.5%。

图 5.17 展示了研究的四种燃料喷注方案示意图。这四种燃料喷注方案均根据

工程应用背景进行了简化以便于开展学术研究，而且它们是在有限燃烧室构型和有限喷嘴数量条件下最具代表性的燃料喷注方案。

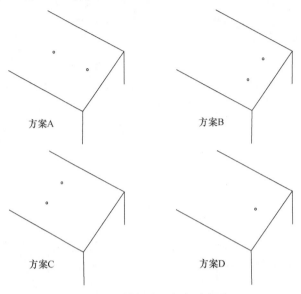

图 5.17　燃料喷注方案示意图

　　表 5.3 给出了研究的所有工况实验参数。每一组实验工况都至少重复开展两次，以确保具有可重复性。在相同燃料喷注方案条件下，开展了多个工况来研究后缘突扩凹腔燃烧流场结构以及氢气当量比的影响。本节的研究将重点关注后缘突扩凹腔燃烧室火焰稳定过程，最后将开展燃料喷注方案的优化研究。

表 5.3　各工况实验参数

工况	P_i / MPa	Φ	工况	P_i / MPa	Φ
A1	0.63	0.08	B4	4.35	0.52
A2	1.48	0.18	C1	0.78	0.09
A3	2.56	0.32	C2	1.57	0.19
A4	3.98	0.50	C3	4.14	0.52
B1	0.77	0.09	D1	1.48	0.09
B2	1.52	0.18	D2	3.20	0.19
B3	2.54	0.31			

5.2.2　燃料喷注方案对火焰稳定过程的影响

OH*基组分的自发辐射信号可以用来标记火焰结构和高温燃烧产物区域。

图 5.18 展示了四种燃料喷注方案分别在 $\Phi=0.09$ 和 $\Phi=0.19$ 条件下的典型 OH*基
自发辐射图像。显而易见，图 5.18 中的 8 个实验工况都属于凹腔剪切层火焰稳
定模态。当 $\Phi=0.09$ 时，每个工况的反应区都集中在凹腔剪切层中，如图 5.18
所示，能够明显看出工况 A1 和 B1 的反应区要比工况 C1 和 D1 的反应区更宽，
而且在凹腔内的部分也要更大一些，这个现象是由于工况 C1 和 D1 燃料喷注方
案上游卷吸进凹腔的燃料要少一些。对于工况 C1，两个燃料喷孔都位于凹腔上
游 30mm 处，进而会产生一个较长的混合距离，这也会导致燃料更多地喷注到
超声速主流中。对于工况 D1 来说，虽然在凹腔上游 10mm 处只有一个燃料喷孔，
为了保持和其他工况相同的当量比，燃料喷注压力是其他工况时的两倍。

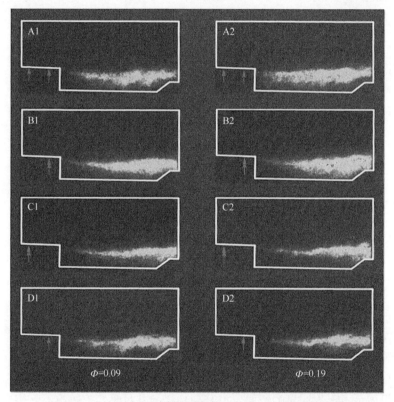

图 5.18　各工况在相同当量比条件下的—OH*自发辐射图像

当 $\Phi=0.19$ 时，由图 5.18 可明显看出工况 A2 和 B2 的反应区结构变得更大且
反应更剧烈。然而，工况 C2 和 D2 的反应区和 $\Phi=0.09$ 时的反应区相比并没有展
现出明显的增强。基于图 5.18 中展示的 OH*基分布可以看出，随着燃料喷注当量
比增加，燃料喷注方案 C 和 D 中并没有很明显的释热增加，然而燃料喷注方案 A
和 B 在相同条件下会有非常明显的更多释热产生。此外，可以发现工况 A2 在

$\Phi=0.19$ 条件下在凹腔前壁面附近会存在明显的 OH*基分布，这可以视为即将产生凹腔回流区火焰稳定模态的信号。

图 5.19 和图 5.20 分别展示了在 $\Phi=0.09$ 和 $\Phi=0.19$ 条件下燃烧室下壁面的壁面压力分布。展示的壁面压力结果都是由火焰稳定过程时均化处理过的。由图 5.19 可以看出，四个工况的壁面压力分布趋势都相近，更仔细地可以发现，在凹腔后壁面和下游区域，工况 A1 的壁面压力值最高，随后是工况 B1 和 C1，工况 D1 在此处的壁面压力值最小。由图 5.20 可以看出，随着当量比增加到 $\Phi=0.19$，工况 A2 的壁面压力增长非常明显并且仍然是压力最高值，随后是工况 D2，而工况 C2 的壁面压力增幅最小。

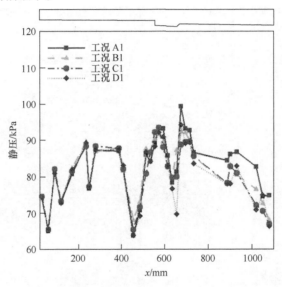

图 5.19　在 $\Phi=0.09$ 条件下的燃烧室下壁面压力分布

根据图 5.19 和图 5.20 所展示的壁面压力变化趋势可以发现，在相同当量比条件下，燃料喷注方案 A 展示出最剧烈的燃烧过程，燃料喷注方案 B 也表现出一个显著的壁面压力升高趋势，这和图 5.18 的分析相符合。燃料喷注方案 C 和 D 相比之下只展示了不太明显的壁面压力升高趋势，并且燃烧放热也不是很剧烈。

值得注意的是，在图 5.20 中，工况 D2 在凹腔下游区域的壁面压力增加很明显，这是因为工况 D2 的高喷注压力会使更多的燃料喷注到发动机主流中，当初始凹腔火焰足够强烈可以引燃主流中的燃料后，会在发动机中形成一个更大的释热区域。然而，与另外三种燃料喷注方案相比，方案 D 并不是一个非常适合工程的燃料喷注方案，因为在真实工程应用中喷注压力往往有限。

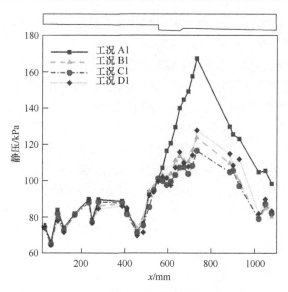

图 5.20　在 Φ=0.19 条件下的燃烧室下壁面压力分布

图 5.21 给出了在 Φ=0.19 条件下火焰基底随时间变化曲线。火焰基底定义为火焰前沿在流向上的位置，上述火焰基底变化是根据高速摄影图像中的火焰脉动信息统计而得的。选取在 Φ=0.19 条件下的工况进行对比，是因为在这个当量比条件下各个工况的火焰都很稳定且比较有代表性。如图 5.21 所示，四个工况的火焰基底振幅都很大，火焰基底也都位于凹腔附近。工况 A2 和 B2 的火焰基底振荡表现出相对最稳定的形态，而且火焰基底位置也离凹腔前壁面最近，通过详细对

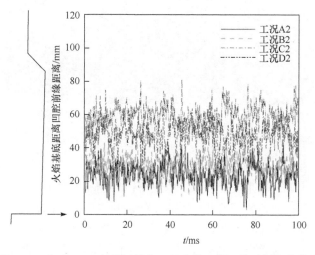

图 5.21　在 Φ=0.19 条件下的各工况火焰基底振荡时间变化曲线

比可以发现工况 A2 的火焰基底距离凹腔前壁面最近。该现象与图 5.21 中的工况 A2 实现了最强烈燃烧过程的现象相符。

经过统计分析，可以显而易见地看出在相同当量比条件下，燃料喷注方案 A 和 B 在火焰稳定过程中会实现更加稳定且更剧烈的燃烧。同时反映出，长距离喷注的燃料喷注方案和高喷注压力的燃料喷注方案由于形成了更长、更高的混合区域，会更容易在燃烧室中引起燃烧振荡，这也是由不充分不均匀分布的燃料局部当量比所导致的。至此，可以总结得出燃料喷注方案 A 和 B 要比燃料喷注方案 C 和 D 更加适合在发动机燃烧室内形成一个稳定强烈的火焰。下面将针对燃料喷注方案 A 和 B 的释热过程和火焰特征开展更加全面详细的分析。

图 5.22 为在 $\Phi=0.32$ 条件时工况 A3 和 B3 中的典型 OH*基自发辐射图像和时均的高速摄影图像。根据图中 OH*基组分分布差异，可以看出在工况 B3 中更多的强烈释热区集中在凹腔剪切层，而在工况 A3 中 OH*基组分分布在凹腔上方和凹腔内部更大的空间里。从高速摄影图像上也能看出火焰分布差异。通过对图像灰度进行后处理可以提取出火焰轮廓。在工况 A3 中，火焰在凹腔上方和凹腔下游分布得广泛，而在工况 B3 中，火焰在凹腔上方广泛稳定但是随着往下游发展而不断变窄减弱。工况 A3 的火焰模态是一个典型的联合凹腔剪切层回流区火焰稳定模态，而工况 B3 的火焰稳定模态更像是凹腔剪切层火焰稳定模态。

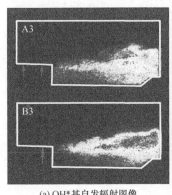
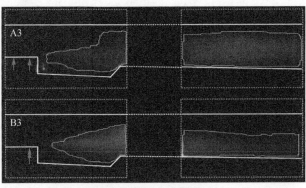

(a) OH*基自发辐射图像　　　　　　　　　　(b) 时均的高速摄影图像

图 5.22　在 $\Phi=0.32$ 条件下工况 A3 和 B3 中的典型 OH*基自发辐射图像和时均的高速摄影图像

图 5.23 更进一步给出了在 $\Phi=0.52$ 条件下工况 A4 和 B4 中的典型 OH*基自发辐射图像和时均的高速摄影图像。由图可以看出，工况 B4 的最强烈释热区逐渐向凹腔前壁面移动，并且在凹腔角回流区内存在一些 OH*基组分。工况 B4 的火焰稳定模态为联合凹腔剪切层回流区火焰稳定模态。相比之下，在工况 A4 中，凹腔角回流区内有更多的 OH*基组分并且最强烈释热区都集中在凹腔后壁面附近。图 5.23(b)中工况 A4 和 B4 的火焰分布差异和图 5.22(b)中所展示的差异

很像。此外，也可以观察到工况 A4 的凹腔上游存在一个小的射流尾迹稳定的火焰，这表明工况 A4 已经是一个从联合凹腔剪切层回流区火焰稳定模态向凹腔辅助的射流尾迹火焰稳定模态相转变的临界工况。

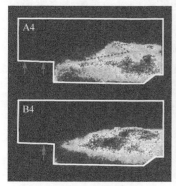 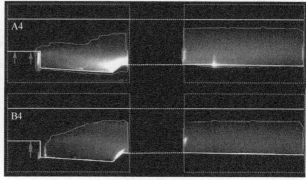

(a) OH*基自发辐射图像　　　　　　　　　　(b) 时均的高速摄影图像

图 5.23　在 $\Phi=0.52$ 条件下工况 A4 和 B4 中的典型 OH*基自发辐射图像和时均的高速摄影图像

　　图 5.24 更好地展示了工况 A4 中所呈现出来的射流尾迹火焰稳定模式特征。Wang 等[3]的研究表明凹腔辅助的射流尾迹火焰稳定模式在三种火焰稳定模式里是最不稳定的。如图 5.24 所示，凹腔前壁面上方的火焰并不稳定，而且一直在从凹腔火焰稳定模态向凹腔辅助的射流尾迹火焰稳定模态发生来回振荡。对于工况 A4，在 $\Phi=0.52$ 条件下，燃烧室内的燃烧很剧烈以至于主流中的燃料射流被更早引燃，进而使强烈燃烧释热区向凹腔上游移动。一旦射流尾迹火焰在凹腔上游形成，凹腔上游的燃料射流会随之快速消耗并且导致卷吸进凹腔的燃料减少，随之

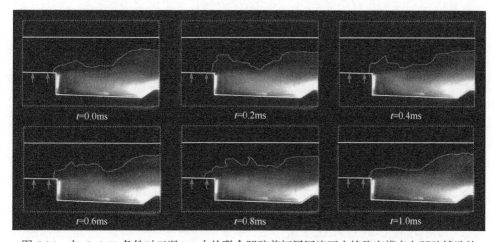

图 5.24　在 $\Phi=0.52$ 条件时工况 A4 中从联合凹腔剪切层回流区火焰稳定模态向凹腔辅助的射流尾迹稳定模态发生转换时的高速摄影图像

而来的是凹腔稳定的火焰将会减弱，以至于不足以在凹腔上方提供足够的释热来维持在凹腔上游的射流尾迹稳定的火焰，最后导致火焰不稳定并在凹腔前壁面附近发生振荡。

工况 A4 中，氢气当量比 0.52 对于一个矩形单凹腔模型发动机燃烧室来说已经是一个比较高的当量比了。根据文献[4]中的研究，在这个氢气当量比下很可能引发热壅塞或者至少能够明显观测出凹腔辅助的射流尾迹火焰。因此，本节中的实验现象也为后缘突扩凹腔燃烧室的防热壅塞性能提供了很好的诠释。

在图 5.22(a)和图 5.23(a)中可以发现，在工况 A3 和 A4 的凹腔上方都存在一个楔形火焰，如图中虚线所示。值得说明的是，在 Micka[5]的研究中，凹腔上方的楔形火焰是预混火焰前锋并且也是射流尾迹稳定燃烧的标志。与本节中燃料喷注方案不同，在文献[5]中，在凹腔上游 44.5mm 处只有一个直径 2.49mm 的氢气喷孔。为了进一步研究楔形火焰机理并和 Micka 的工作相对比，开展了当量比 Φ=0.52 条件下的工况 C3 研究，如图 5.25 所示，以和 Micka 的研究用相似的燃料喷注距离。

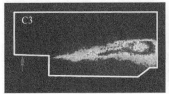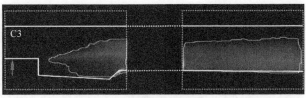

(a) OH*基自发辐射图像　　　　　　(b) 时均的高速摄影图像

图 5.25　在 Φ=0.52 条件下工况 C3 中的典型 OH*基自发辐射图像和时均的高速摄影图像

在图 5.25(a)中可以明显看到，在凹腔上方存在一个比较小的楔形火焰；工况 C3 最强烈的释热区都集中在凹腔剪切层中，从火焰形态和颜色上判断相比于工况 A4 和 B4，工况 C3 的火焰则相对较弱。基于工况 A4、B4 和 C3 的 OH*基组分分布情况，可以证明楔形火焰是由凹腔上游长距离燃料喷注导致的。当采用一个凹腔上游长距离燃料喷注时，会形成一个更长的混合空间并且会有更多燃料喷注到燃烧室主流中。由于在凹腔上方化学恰当比通常位于包裹燃料射流的外层，火焰会在楔形的化学恰当比分布处驻留并且会相应地形成楔形火焰。

根据上述分析可知，相比于燃料喷注方案 B，燃料喷注方案 A 会在凹腔上方发生相对弱一些的燃烧反应但在凹腔下游区域会存在更宽广的释热区。为了进一步阐述燃烧过程，将开展关于这两种燃料喷注方案的壁面压力定量对比分析。

图 5.26 和图 5.27 展示了燃料喷注方案 A 和 B 的进一步壁面压力对比情况。可以明显看出在 Φ=0.32 和 0.52 条件下，燃料喷注方案 A 会引起更大的壁面压力上升，并且这也和上述论文中关于火焰和释热区的分布相符合。可以看出对于工况 A3 和 A4 来说，最高的壁面压力都位于凹腔后壁面和凹腔下游区域。这个现象

的产生是由燃料喷注方案 A 的燃烧特性所导致的，它也是一个流动和燃烧的耦合过程[6,7]。对于图 5.26 和图 5.27 中所展示的每一个工况，壁面压力在凹腔下游区域都迅速降低，这表明对于后缘突扩凹腔燃烧室，燃烧室长度必须被限定以开展推力优化。

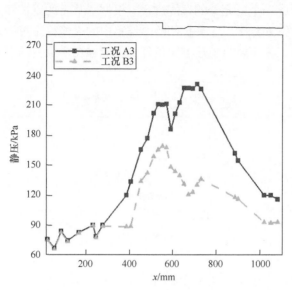

图 5.26　在 $\Phi=0.32$ 条件下的燃烧室下壁面压力分布

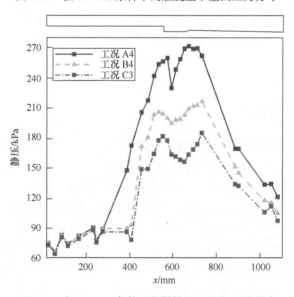

图 5.27　在 $\Phi=0.52$ 条件下的燃烧室下壁面压力分布

区别于 Micka[5] 的研究结果，在本节的研究中，燃料喷注方案 A 在高当量比条件下的反应区结构如图 5.28 所示。引起燃料喷注方案 A 的燃烧增强现象最可能的原因就是前面的喷注为后面的喷注起到了一个类似盾牌的作用，从而使后面的喷注有更高的穿透深度，而凹腔上游的这两路喷注直接相互作用也会增加局部湍流度，在湍流作用下进一步促进两路燃料射流的混合。因此，在燃料喷注方案 A 的燃烧室中会形成一个更充分的燃烧过程。根据本节中的定性和定量研究，可以发现燃料喷注方案 A 对于后缘突扩凹腔燃烧室中的火焰稳定过程来说是一个优化的燃料喷注方案，在该燃料喷注方案条件下，能够在燃烧室内形成一个强烈且稳定的火焰。

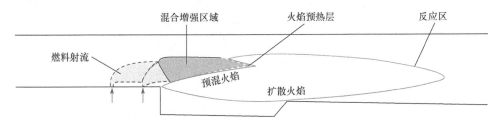

图 5.28　采用串联式喷注方案条件下联合凹腔剪切层回流区火焰稳定模态时的化学反应区
结构示意图

5.3　凹腔构型对火焰结构与燃烧强度的影响

从凹腔冷态流动数值模拟研究中已经知道，凹腔稳焰器的几何构型将直接决定凹腔剪切层与回流区附近的流场结构，同时改变凹腔上方主流区的流速、静温或密度，势必会影响凹腔稳定的火焰结构。本节将结合实验数据与仿真结果分析凹腔后缘突扩构型对火焰结构及燃料燃烧效率的影响。

5.3.1　不同凹腔构型条件下的氢气火焰结构

图 5.29 给出了全局当量比 $\Phi = 0.09$ 条件下三种构型凹腔中氢气燃烧流场(对应于 5.1 节中实验工况 16～18)OH 基的空间分布情况。前文已经提到，实验中 S1～S4 截面上的 OH-PLIF 成像是在不同的实验中进行的，因而此处 4 个截面上的 PLIF 图像仅代表 OH 基的典型瞬态分布，并非对应同一时刻。整体而言，受到后缘突扩效应的影响，H06 与 H09 凹腔内的 OH 基浓度要弱于常规非突扩凹腔 H12。注意，OH-PLIF 图像的伪彩色信号是通过原始图片中的灰度值转换而成的，而原始图像拍摄的相机及成像参数的设置完全一致，不同工况下获得的图像的后处理(增强去噪)方式及参数也完全相同。也就是说，伪彩色的信号强度代表当地 OH 基的相对浓度。如果进一步关注反应区与凹腔唇口连线的空间位置关系，可以发现强后缘突扩率凹腔 H06 中的 OH 基集中区被完全压缩于凹腔唇口线以下，而常规非

突扩凹腔 H12 中剪切层稳定的强反应区显著延伸到唇口线以上。同时，如截面 S2 所示，凹腔 H12 的下游区域也形成了强于后缘突扩凹腔的燃烧区。从凹腔内流向截面 S3 来看，对于三种凹腔构型，反应区主体均集中于展向中心射流尾迹区，在凹腔下游流向截面 S4 上，反应区沿展向有所扩张，但核心反应区仍聚集在中心附近，且凹腔后缘越高，核心反应区距离壁面越远，或者说，常规非突扩凹腔较之后缘突扩凹腔将凹腔下游的火焰整体抬升。

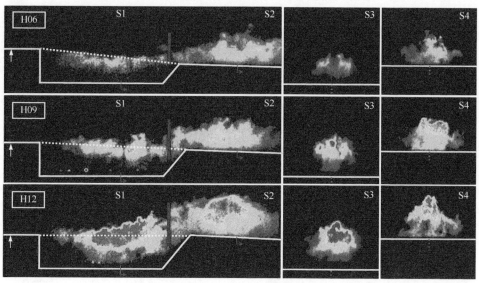

图 5.29　全局当量比 Φ=0.09 条件下不同构型凹腔中氢气燃烧流场典型瞬态 OH-PLIF 图像

　　为定量对比不同凹腔构型中火焰结构与强度的差异，通过采样两次实验(同工况)中流向截面 S3 与 S4 上的有效原始 OH-PLIF 灰度图像并计算平均，以获取统计平均 OH-PLIF 图像。图 5.30 展示了两个不同流向位置的统计平均 OH-PLIF 图像上的 OH 基相对摩尔浓度 $C_{\text{OH,norm}}(y_{\text{wall}})$ 沿 y 向的分布规律以及该截面上时均 OH 基总摩尔浓度 $C_{\text{OH,int}}$。其中，$C_{\text{OH,norm}}(y_{\text{wall}})$ 是在某一高度(距燃烧室底壁)下沿展向(z 向)积分 OH-PLIF 图像中的灰度值并以所有工况中最大信号强度归一化后得到的 OH 基相对摩尔浓度，而 $C_{\text{OH,int}}$ 将 $C_{\text{OH,norm}}(y_{\text{wall}})$ 再沿壁面法向积分得到的总摩尔浓度。显然，无论是在凹腔内 S3 截面上还是凹腔下游 S4 截面上，更高的凹腔后缘高度将支撑面积越大、位置越高的核心反应区，燃烧生成的中间产物也就越多。值得注意的是，在 S3 截面上，H06 凹腔在回流区接近壁面的区域内的 OH 基浓度甚至要高于 H09 与 H12 凹腔，而在 S4 截面上，三者差异并不大，这说明强后缘突扩率将使回流区靠近剪切层一侧速度条件恶化，从而促使反应区更加贴近底壁。不同凹腔中 $C_{OH,norm}(y_{wall})$ 的峰值大小基本与后缘高度呈线性关系，但整个截面上的总量却并非如此。三个凹腔构型下 $C_{OH,int}$ 的对比如图 5.30 所示，不难发现一个显著特征，即从 OH 基的生成总量上来看，无论在凹腔剪切层中还是凹腔下游区域，常规非突扩凹腔 H12 中的反应强度要显著高于后缘突扩凹腔 H06 与 H09。同样是凹腔后缘 3mm 高度的提升，H09 至 H12 较之 H06 至 H09 的增量要大许多。这说明凹腔的后缘高度对于燃烧流场释热率(OH 基生成)的影响是非线性的，反过来说，过大的后缘突扩率将大幅削弱燃烧强度。

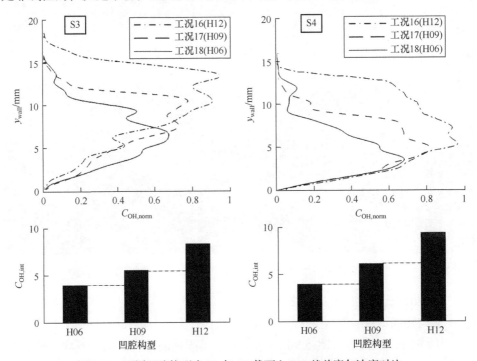

图 5.30　不同凹腔构型中 S3 与 S4 截面上 OH 基总摩尔浓度对比

　　进一步考察不同凹腔构型下氢气燃料的消耗情况，图 5.31 给出了横向截面 $y=1mm$ 上燃料的质量分数云图，该截面位置距壁面喷孔较近，能够直接观察到射流下游中燃料与空气的混合过程。而在下游区域，由于主流在不同凹腔构型下流道的扩张程度不同，燃料的穿透高度有所差异，该截面上看到的燃料质量分布也应不同，可以推断，在无反应条件下，凹腔后缘高度越小，下游区域内该截面上燃料的浓度也将会越低。如图 5.31 所示，强后缘突扩率凹腔 H06 较弱突扩率凹腔 H09 在下游区域内的燃料浓度明显更低，这应当归因于凹腔后缘突扩引起的主流道扩张，然而值得注意的是，在燃烧条件下，常规非突扩凹腔 H12 中该截面处的燃料浓度显著低于凹腔 H09，这说明凹腔 H12 在该位置附近消耗掉了大量燃料，而在凹腔 H09 中，尽管大部分穿透到主流中会随着主流道扩张以及燃料沿展向扩散效应再次到达 $y=1$mm 截面，但此处的燃料消耗速率却不及凹腔 H12。

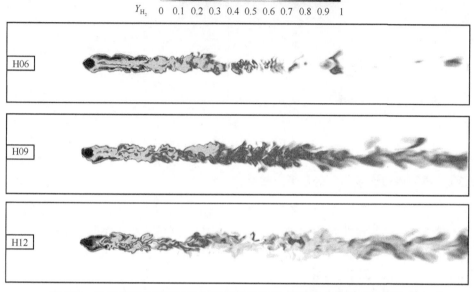

Y_{H_2}　0　0.1　0.2　0.3　0.4　0.5　0.6　0.7　0.8　0.9　1

图 5.31　计算得到的不同凹腔构型下横向截面 $y=1$mm 上氢气质量分数云图

将上述不同凹腔汇中燃料消耗率的快慢定量化表达为燃烧流场的燃烧效率 η_c 的差异，定义 η_c 的计算式为

$$\eta_c(x) = \frac{\dot{m}_{H_2,jet} - \int_{A(x)}\left(\rho Y_{H_2} u\right)\mathrm{d}A}{\dot{m}_{H_2,jet}} \tag{5.2}$$

其中，$\dot{m}_{H_2,jet}$ 为声速喷孔喷注的氢气总质量流率，可由喷注总压总温及燃料物性参数确定；$A(x)$ 为流向位置 x 处的流道截面面积；Y_{H_2} 为局部流体的氢气质量分数；ρ 与 u 分别为当地密度与流向速度。从该式的定义中不难看出，$\eta_c(x)$ 表征了沿程燃料被消耗的比例。

图 5.32 给出了三种凹腔构型下在全局当量比为 $\Phi = 0.09$ 时的沿流向燃烧效率变化规律。与前述燃烧强度(反应中间产物 OH 基浓度)所反映的规律相吻合，常规非突扩凹腔 H12 沿程的燃烧效率要显著高于后缘突扩凹腔 H09 及 H06，且燃烧效率的增大与后缘的增高呈现一定程度的非线性关系。从流向分布规律上来说，三种凹腔构型下，大部分的氢气消耗均在凹腔前后缘之间完成，该区域内贡献的燃烧效率占据全计算域的 70%以上。

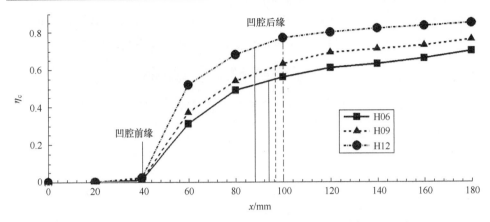

图 5.32 不同凹腔构型下在 Φ=0.09 时的沿流向燃烧效率变化规律

5.3.2 不同当量比条件下的乙烯火焰结构

本节将探究全局当量比对不同构型凹腔中的乙烯火焰结构的影响。在当前实验条件下，即使提高当量比(工况 12 与工况 15)，强后缘突扩率凹腔 H06 仍旧无法实现上游喷注乙烯的火焰稳定，因此主要对比常规非突扩凹腔 H12 与后缘突扩凹腔 H09 中火焰结构的差异。

图 5.33 给出了全局当量比 $\Phi = 0.46$ 条件下(J2 喷孔以总压 2.14MPa 喷注)凹腔 H12 与凹腔 H09 中乙烯燃烧流场的 CH*基自发辐射图像与计算得到的展向中心截面上的典型瞬态温度分布。可以看到，两种凹腔构型下火焰基底均稳定于剪切层中，但火焰主体结构不同，常规非突扩凹腔 H12 中核心反应区主要位于后缘上部及下游区域，而后缘突扩凹腔 H09 中，CH*基集中分布于凹腔剪切层中，在后缘附近火焰延伸至剪切层上部，但下游区域整体反应较弱。两者展示的火焰结构的差异与计算得到的温度云图大致吻合。从燃烧流场温度上来看，凹腔 H12 回流区中的温度要显著高于凹腔 H09，且凹腔下游区域温度不及回流区，这意味着尽管凹腔下游可能存在较强的燃烧，但剪切层沿线生成的高温产物驻留于回流区带来的局部温升更为显著。

进一步提高燃料空气全局当量比需要同时打开 J1 与 J2 两路喷孔，在实验工况 10 与工况 11 中，在 J1 与 J2 处以 3mm 直径喷孔、1.62MPa 喷前总压喷注乙烯可以获得全局当量比条件 $\Phi = 0.72$；在工况 13 与 14 中，继而将喷前总压增大至 2.02MPa，即可使全局当量比达到 $\Phi = 0.89$。图 5.34 给出了前述两个较高当量比条件下凹腔 H12 与凹腔 H09 中乙烯火焰的 CH*基自发辐射图像。随着当量比的提高，凹腔稳定的火焰也随之大幅延伸至主流中，从 $\Phi = 0.89$ 的凹腔 H12 中可以看到，火焰基底已经明显高于前缘台阶，这意味着此刻回流区已经显著扩张，从而抬升了剪切层，也就使得火焰基底能够在高于凹腔唇口的位置处被稳定住。相较之下，后缘突扩凹腔 H09 中的火焰基底仍旧会受到高速主流的冲击影响，其火焰基底不得不在凹腔唇口附近的剪切层及回流区上部找到合适的场所。此外，H12 凹腔中的核心反应区在高当量比条件下已占据了后缘台阶上的主流区域，而 H09 凹腔中的释热集于后缘斜坡附近。

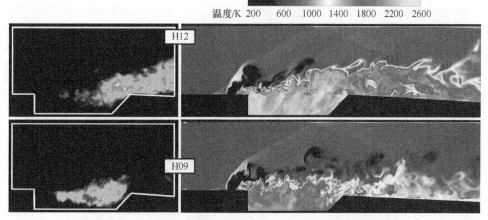

图 5.33　全局当量比 $\Phi=0.46$ 条件下凹腔 H12 与凹腔 H09 中乙烯燃烧流场的 CH*基自发辐射图像及计算得到的展向中心截面上瞬态温度分布云图

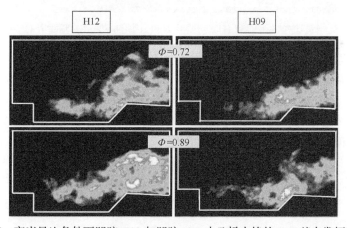

图 5.34　高当量比条件下凹腔 H12 与凹腔 H09 中乙烯火焰的 CH*基自发辐射图像

　　实验中自发辐射成像所显示的仅是 CH*基沿展向的积分信号，当采用 OH-PLIF 拍摄展向不同凹腔构型下 $\Phi=0.72$ 与 $\Phi=0.89$ 燃烧流场中心截面上的 OH 基空间分布时，发现了如图 5.35 所示的实验现象。有趣的是，已经从 CH*基自发辐射图像中看到，H12 凹腔中的火焰面积更大，燃烧强度更高，这与前文中的已有研究结论及直观认知是符合的，但在图中所示的展向中心 S1 截面典型瞬态 OH-PLIF 图像上，H12 凹腔中所含的表征燃烧释热区的 OH 基较之后缘突扩凹腔 H09 反倒更少，整体信号更弱。需要说明，图中所示的凹腔 H12 截面 S1 的 OH-PLIF 图像取自火焰已完全稳定的状态，且一次实验所获取的数十张有效 OH-PLIF 图像中，该展向中心截面上的微弱燃烧现象占据了绝大部分。另外，凹腔 H09 中截面 S1 上看到的 OH 基分布则显得更加丰富且集中于回流区及剪切层的反应释热区中。此外，该现象在 $\Phi = 0.72$ 与 $\Phi = 0.89$ 基本类似，只是更高的当量比条件下 OH-PLIF 信号更强一些，图 5.35 展示的是 $\Phi = 0.72$ 条件下的燃烧流场。在一次实验获取的凹腔 H12 展向中心截面上的零散 OH 基信号并没有固定的分布规律，而更像是随机出现在凹腔回流区剪切层甚至上部射流尾迹中。

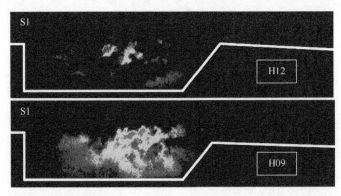

图 5.35　高当量比条件下凹腔 H12 与凹腔 H09 中展向中心 S1 截面上 OH-PLIF 图像

这一实验现象的成因在对流向截面 S3 与 S4 的观测中得到了答案。如图 5.36 所示，在全局当量比 $\Phi = 0.72$ 条件下，在凹腔内的 S3 截面处，已经可以看到后缘突扩构型对乙烯火焰结构造成的显著差异。

常规非突扩凹腔 H12 中火焰已经完全贴在燃烧室两侧壁面上，而中心区域 OH 基信号很弱，后缘突扩凹腔 H09 中反应释热区在展向有所扩张，但并未触及两侧壁面，仍旧能够在中心截面附近聚集一定量的反应产物。凹腔 H12 中的侧壁火焰并非沿流道流向持续存在，在下游截面 S4 上，两种凹腔构型下的核心释热区都回到了展向中心区域。更高的当量比 $\Phi = 0.89$ 条件下现象基本相似，这里不再赘述。

关于该侧壁火焰的形成，一个合理的解释是，在燃料质量流率较大的喷注条件下，常规非突扩凹腔 H12 中距射流出口一定流向范围内的展向中心区域集中了过量的燃料，使得局部富燃，仅在两侧的壁面处，上游新鲜空气得以充分地掺混到燃料中来。而后缘突扩凹腔中主流道的扩张降低了回流区及剪切层对燃料的卷吸，但正得益于此，不会导致有过量的燃料使得局部富燃，因而能够在展向中心区域附近，在凹腔回流区速度条件的支撑下形成中心火焰结构。

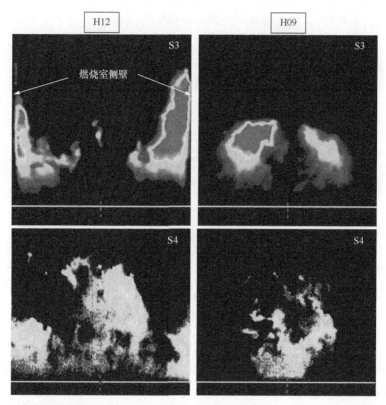

图 5.36　高当量比条件下凹腔 H12 与凹腔 H09 中流向截面 S3 与 S4 上的 OH-PLIF 图像

本节将乙烯燃烧相关的实验工况 1～15 总结于如图 5.37 所示的火焰特性与当量比及凹腔后缘高度的关系图中。对于凹腔 H12 与凹腔 H09 来说，在当前实验条件下，只要提供的当量比超过贫燃极限，火焰将能够实现稳定，且随着当量比的增加(富燃极限之前)，凹腔火焰将由中心火焰结构转变为侧壁火焰。尽管在本节的实验中并未看到凹腔 H09 中显著的侧壁火焰形态，但从 $\Phi = 0.89$ 条件下的实验现象不难推测，一旦当量比进一步增加，凹腔 H09 中亦会出现侧壁火焰结构。更重要的是，对于强后缘突扩率凹腔 H06，在当前任何当量比条件下都无法实现火焰稳定。此处提出一个后缘突扩凹腔火焰稳定的几何极限概念，与贫燃极限相对应，它特指凹腔的后缘高度能够满足火焰稳定的最小值。

本节将几何极限的概念表述如下：对于凹腔上游喷注燃料的燃烧流场，在给定的前缘台阶深度 D 与稳焰器长度 L 下，一旦后向台阶构型($H=0$)无法稳定火焰，那么必定存在这样一个具体的尺寸取值，当凹腔的后缘高度低于它时，无论如何增加上游喷注的燃料流量或全局当量比，都无法实现凹腔的火焰稳定。综合实验与数值模拟研究，可以得到不同构型凹腔中火焰结构及火焰稳定的一个重要结论，那就是后缘高度的微小变化可能导致燃烧流场结构的巨大变化，构型尺寸的量变

(一旦低于几何极限)甚至将直接引起凹腔稳焰能力的质变。

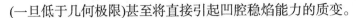

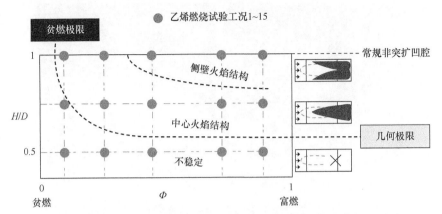

图 5.37 基于本节实验工况归纳的乙烯火焰特性与当量比及凹腔后缘高度关系示意图

5.4 凹腔中的稳燃模式

凹腔中的稳燃模式是指超声速气流中借助凹腔实现稳定的火焰结构与火焰传播特性的一般形式。在特定工况下，凹腔火焰所呈现的稳燃模式及相关现象具有可重复性。实际上，稳燃模式正是凹腔稳焰机制在燃烧流场中的具象体现。一旦明晰了不同条件下的凹腔稳燃模式，也就完善了对超声速气流中火焰稳定机理的认知。

在前文中已经提及，氢气燃料的点火延迟时间相对较短，自点火效应将在高焓来流条件下变得显著，因而本节将以氢气为燃料开展实验，研究不同凹腔构型与不同当量比条件下的稳燃模式。

5.4.1 不同凹腔构型条件下的稳燃模式

全局当量比 $\Phi = 0.09$ 条件下(J2 单孔喷注，喷前总压 1.21MPa)不同凹腔构型中的火焰结构已经在 5.3.1 节中给出。从实验现象与计算结果来看，$\Phi = 0.09$ 时三种凹腔中的火焰均呈现为经典的凹腔剪切层稳燃模式。此处将通过同时打开 J1 与 J2 两处喷孔并增大喷前总压来实现更高的全局当量比。

图5.38给出了 $\Phi = 0.27$ 条件下凹腔 H06 氢气燃烧的典型瞬态与统计时均火焰图像，图中虚线标注的是高速相机拍摄的火焰可见光区域。可以看出，此时的凹腔火焰仍旧处于剪切层稳燃模式下，即火焰基底应当位于剪切层中，火焰沿着剪切层发展至下游区域，此过程中凹腔回流区内的燃料也将被不断点燃。

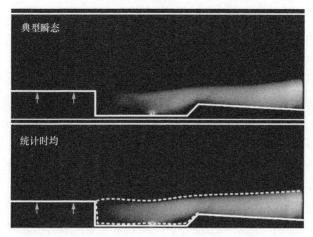

图 5.38　全局当量比 $\Phi=0.27$ 条件下凹腔 H06 中氢气燃烧典型瞬态与统计时均火焰图像

　　凹腔 H12 在相同当量比条件下的火焰形态显著不同。如图 5.39 所示，凹腔附近的火焰不再被主流压缩于剪切层附近，而是在火焰传播机制的主导下延伸至主流中，这意味着凹腔回流区在高温反应的支撑下得以扩张同时抬升了剪切层。图中能够注意到一个火焰可见光亮度较为微弱的区域(虚线与白色点划线所围区域)，这部分燃烧应当是凹腔前缘附近剪切层中火焰基底所产生的热量与活性产物向上方传播过程中点燃了射流尾迹中的预混气所形成反应区，受制于高速来流及燃料的混合程度，该区域内的反应强度较弱。

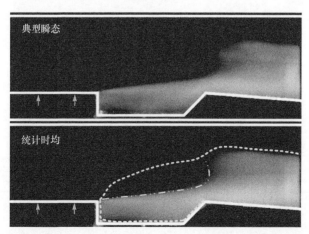

图 5.39　全局当量比 $\Phi=0.27$ 条件下凹腔 H12 中氢气燃烧典型瞬态与统计时均火焰图像

　　有趣的是，在后缘附近，较之后缘突扩凹腔 H06，该处火焰占据了流道的大部分区域，除近底壁附近的亮度集中区外，在主流上部形成了一团显著的反应区，本节推断此处应当是由于射流弓形激波在上壁面形成的反射激波带来的燃烧增强效应。总之，此时凹腔 H12 中的火焰特征结构已经与凹腔 H06 存在明显不同，本节将其称为凹腔的"扩张回流区/抬升剪切层稳燃模式"，关于该模式下火焰稳定机制将在后文中讨论分析。

图 5.40 给出了凹腔 H12 扩张回流区/抬升剪切层稳燃模式下与凹腔 H09 剪切层稳燃模式下燃烧室内火焰可见光强度空间分布的对比，该强度值的计算基于统计时均原始 RGB 图像所转换的灰度值。图中给出了流向沿程与凹腔区域(包括凹腔内与凹腔上方)以及凹腔下游区域中的相对火焰强度剖面。尽管扩张回流区/抬升剪切层稳燃模式中剪切层上存在反应区，但从流向的相对火焰强度来看，该区域内两种燃烧模式的差异并不大。在凹腔下游区域，相较之下凹腔 H12 的火焰强度更大。从横向分布规律来看，处于扩张回流区/抬升剪切层稳燃模式下的凹腔 H12 中火焰在凹腔区域内要高于处于剪切层稳燃模式下的凹腔 H06，而下游区域两者差距更加显著，凹腔 H12 中火焰主体位于 $y > 8\text{mm}$ 的流道上部。

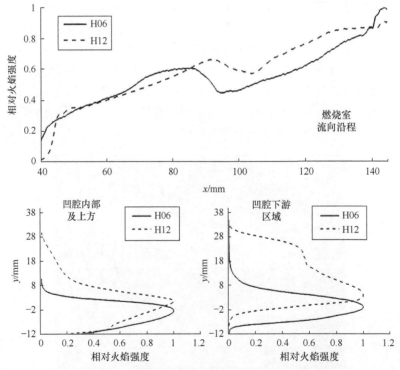

图 5.40　全局当量比 $\Phi = 0.27$ 不同稳燃模式下火焰可见光强度的对比

进一步提高喷注压力至 2.50MPa 并采用 3mm 喷孔直径，在工况 22~24 中实现了全局当量比 $\Phi = 0.70$。图 5.41 与图 5.42 分别给出了凹腔 H06 与凹腔 H12 中氢气燃烧的典型瞬态与统计时均火焰图像。可以看到，尽管凹腔 H06 的后缘突扩率较大，在高当量比下也实现了扩张回流区/抬升剪切层稳燃模式，火焰的结构特征与 $\Phi = 0.27$ 条件下的凹腔 H12 氢气火焰类似。

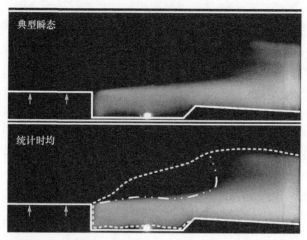

图 5.41　全局当量比 Φ=0.70 条件下凹腔 H06 中氢气燃烧典型瞬态与统计时均火焰图像

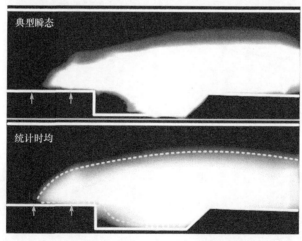

图 5.42　全局当量比 Φ=0.70 条件下凹腔 H12 中氢气燃烧典型瞬态与统计时均火焰图像

值得关注的是，该较高当量比条件下常规非突扩凹腔 H12 中的氢气火焰。可以注意到，凹腔 H12 中的火焰呈现出一个新的稳燃模式，即凹腔辅助的射流尾迹稳燃模式。在该模式下，火焰整体亮度极高，燃烧效率显著增大。火焰被稳定在射流出口及喷孔下游射流尾迹区内，J2 喷孔的出口附近几乎被燃烧区包围，火焰基底稳定于凹腔上游。

该火焰基底可能受到火焰传播与自点火两种机制的共同作用：一是射流背风面的回流或因燃烧产生的近壁分离区将下游凹腔燃烧区中的高温产物间歇性地输

运至上游，并不断点燃喷孔中喷出的新鲜燃料；二是反应区的前移使得 J1 喷孔中喷出的燃料周围的静温大幅增加，点火延迟大大缩短，加之横向射流对高速来流的阻滞作用，一部分燃料可能在穿透过程中与四周空气发生自点火反应。

另外，尽管此时凹腔前缘附近的火焰亮度较低，但显然凹腔回流区及剪切层对该稳燃模式的持续存在起到了促进作用，因为对于给定的来流条件，当量比的增加也会使凹腔中所能驻留的燃料增多，从而增强了局部燃烧及背压，继而进一步支撑了上游的火焰稳定。

火焰可见光强度的空间分布定量对比在图 5.43 中给出。可以看到，凹腔 H12 构型下的射流尾迹稳燃模式较凹腔 H06 构型下的扩张回流区/抬升剪切层稳燃模式反应区整体前移，火焰亮度峰值出现在凹腔中后部 $70\text{mm} < x < 90\text{mm}$ 而非凹腔下游。从横向分布来看，无论是凹腔内还是下游，凹腔 H12 的核心反应区要更高，几乎占据了主流道高度的 3/4。

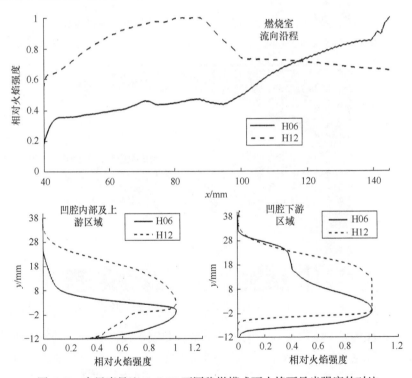

图 5.43　全局当量比 $\Phi = 0.70$ 不同稳燃模式下火焰可见光强度的对比

5.4.2　后缘突扩凹腔中稳燃模式的动态切换

与常规非突扩凹腔 H12 及强后缘突扩率凹腔 H06 具有相对稳定的稳燃模式不同，在前述两个当量比条件下，在弱后缘突扩率凹腔 H09 中可发现稳燃模式的动态切换现象。具体而言，在当量比 $\Phi = 0.27$ 条件下，凹腔 H09 中的氢气火焰在火焰已经稳定的基础上经历了图 5.44 所示的动态演化过程(相邻帧时间间隔 $\Delta t = 1.2\text{ms}$)。火焰基底始终稳定于凹腔剪切层中，但凹腔下游主流区中的燃烧却以近似周期的规律呈现增长与衰减趋势。稳焰模式在凹腔剪切层模式与扩张回流区/抬升剪切层模式之间动态切换。

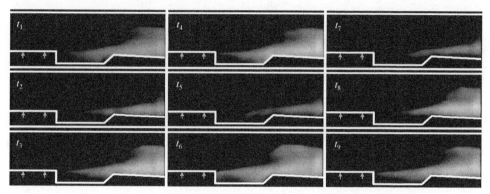

图 5.44　全局当量比 $\Phi = 0.27$ 条件下凹腔 H09 中氢气火焰动态结构

　　定义如图 5.45 所示的火焰传播角，并根据不同时刻的高速火焰图像中的可见光亮度提取出火焰锋面(设定反应区阈值亮度)，从而确定不同时刻下的火焰传播角。需要说明的是，由于高速摄影图像显示的火焰亮度是燃烧室沿展向的积分值，而不同的展向位置上凹腔上游流向速度大小、剪切层与回流区的空间位置都存在一定差异，因而火焰传播角应当是沿展向变化的。但分析可知，对于氢气燃烧的中心火焰结构，展向中心截面，也就是射流中心所处的截面下游具备最优良的火焰传播条件，所以可以认为实验中高速摄影获取的可见光亮度定义的火焰传播角正是展向中心截面上的最大传播角。

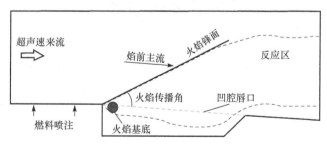

图 5.45　凹腔稳定燃烧的火焰传播角定义

　　图 5.46 显示了凹腔 H09 中在该当量比条件下火焰传播角的变化历程。图中横坐标 n_t 是选取某一瞬态帧为时刻 0 后定义的后续时刻，且 Δn_t 对应的时间间隔约为 0.5ms。可以看到，在所选取的时间范围内(火焰稳定状态下)，H09 氢气火焰的

传播角在 10°～24°动态变化，且具有近似周期性的动态特征。但相对而言，火焰更多地处于较大火焰传播角状态(大于 18°)，换句话说，该当量比条件下，凹腔 H09 稳定的氢气火焰会在凹腔剪切层稳燃模式与扩张回流区/抬升剪切层稳燃模式之间来回切换，且更多地呈现出后者的稳燃模式。

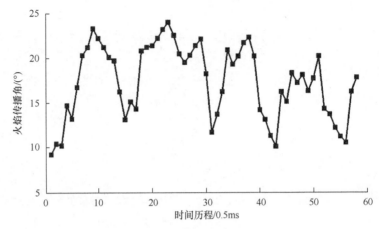

图 5.46　全局当量比 $\Phi=0.27$ 条件下凹腔 H09 中氢气火焰传播角变化历程

　　稳燃模式的动态切换同样也影响了壁面压力，图 5.47 给出了点火器前后的压力测点 5 与压力测点 7 在火焰稳定过程中测得的壁面压力数据随时间变化规律。从压力脉动的角度来说，这意味着当前实验条件下，凹腔火焰产生了一定频率(低频，小于 200Hz)的燃烧振荡，该振荡伴随着燃烧模式的动态切换。压力测点 5 与压力测点 7 的变化历程曲线形状类似，点火器后的凹腔底壁压力略高于前缘测点。需要说明的是，前文中已经提到，在实际实验工况中，燃料的喷前总压并不能始终保持恒定，而是在出现峰值压力后以一定速率缓慢衰减，直至喷孔关闭。图中所示的压力逐渐下降过程正是对应于喷注压力的衰减过程。

　　在更高的全局当量比 $\Phi=0.70$ 下，凹腔 H09 中的氢气火焰也无法像凹腔 H06 与凹腔 H12 中那样始终维持于一种稳燃模式下，火焰基底将在抬升的凹腔剪切层与前缘上游射流尾迹区中来回振荡。在不同的时刻下，火焰锋面(虚线标注)相对于凹腔前缘位于不同的位置。火焰在凹腔辅助的射流尾迹稳燃模式与扩张回流区/抬升剪切层稳燃模式之间动态切换，但该过程较之较低当量比条件下的稳燃模式变化周期要更长。

　　实际上，尽管图 5.48 中 t_1 及 t_4 时刻所展示的火焰主体位于凹腔前缘下游，但其所对应的释热空间分布较之同当量比同稳燃模式下的凹腔 H06 更加靠近上游射流，燃烧效率也要更高。因此准确来说，该当量比下的稳燃模式应当是介于凹腔辅助的射流尾迹模式与扩张回流区/抬升剪切层稳燃模式之间的临界状态。

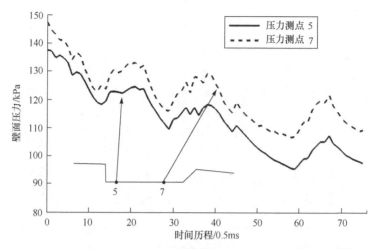

图 5.47　全局当量比 Φ=0.27 条件下凹腔 H09 底壁压力监测点的脉动

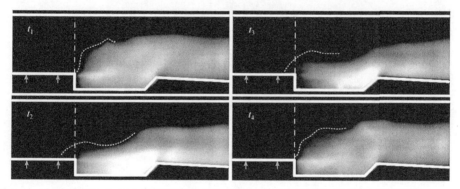

图 5.48　全局当量比 Φ=0.70 条件下凹腔 H09 中氢气火焰动态结构(相邻帧时间间隔 Δt=5.4ms)

　　通过统计火焰稳定状态下一段时间内凹腔 H09 前缘上游的火焰可见光信号，得到了如图 5.49 所示的相对火焰强度历程。图中当相对火焰强度显著增大时，火焰对应于射流尾迹稳燃模式，反之较小时，燃烧区主要集中于凹腔周围，火焰处于扩张回流区/抬升剪切层稳燃模式。由图可以看出，该区域内的火焰可见光强度振荡较为剧烈，整体呈现近似周期性的变化规律。

　　图 5.50 给出了凹腔底壁的压力脉动历程，与火焰可见光强度的周期性变化类似，压力也随着稳燃模式的改变发生起伏的变化，这一脉动效应在点火器下游的压力监测点 7 位置处更为显著，在观测时间窗口中，该点的壁面压力一度达到 280kPa，而后迅速降低至低于 180kPa，当火焰再次短暂地稳定于前缘上游时，流道内燃烧效率再次增大，底壁压力随着上升。

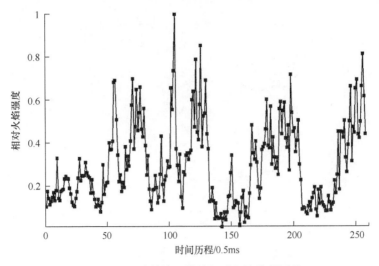

图 5.49　凹腔前缘上游的相对火焰强度历程

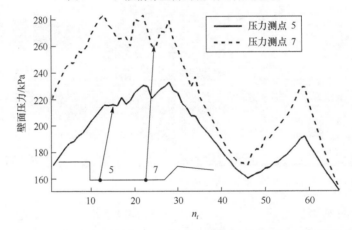

图 5.50　全局当量比 $\Phi=0.70$ 条件下凹腔 H09 底壁压力监测点的脉动

由于本节并不关注燃烧振荡现象，关于凹腔 H09 中稳燃模式的振荡物理机制不做深入分析，但有理由相信，凹腔回流区与剪切层内流体的声学振荡效应以及燃料射流喷注的不稳定性是重要诱因。

5.4.3　后缘突扩凹腔对稳燃模式的影响

已经在实验现象中注意到，高当量比 $\Phi=0.70$ 时，在同样的成像条件与设置下，常规非突扩凹腔 H12 中的火焰亮度极高，甚至出现局部过曝的现象，这意味着凹腔 H12 中的稳燃模式所对应的燃烧效率较之后缘突扩凹腔 H09 与凹腔 H06 产生了性质上的变化，它更加接近燃烧室的热壅塞状态。这一质变效应在图 5.51

所示的氢气燃烧实验工况 22～24 中测得的底壁压力数据上被体现出来。

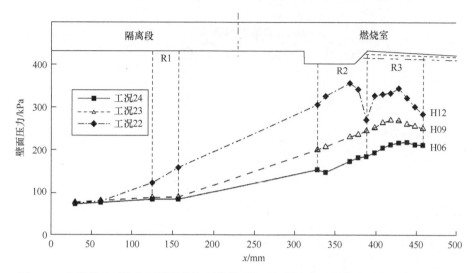

图 5.51　高当量比下具有不同凹腔构型的模型发动机隔离段及燃烧室壁面压力时均分布

图 5.51 中，R1、R2 与 R3 分别代表隔离段、凹腔内与凹腔下游三个较为关注的区域。更高的后缘高度能够建立起更高压力的燃烧区，这一特征在 R2 与 R3 区域中均如此，凹腔 H12 壁面压力甚至一度达到 350kPa。同时注意到，与后缘突扩凹腔 H09 及 H06 中压力峰值出现于下游 R3 区域不同的是，凹腔 H12 的压力峰值位于凹腔内，这与前述稳燃模式的差异是符合的。图中给出的更为重要的信息来自隔离段 R1 的压力测点 3 与 4，可以看到，带有后缘突扩凹腔 H09 与 H06 的模型发动机隔离段中 R1 区域内的壁面压力在下游燃烧状态下基本保持与冷态流场一致，换句话说，下游燃烧区产生的高背压还没有影响到隔离段中的空气来流。而与之形成鲜明对比的是，下游带有凹腔 H12 的发动机隔离段内的压力开始有显著上升趋势，压力测点 4 达到了 150kPa。可以推断，正是由于下游燃烧室内射流凹腔耦合燃烧区域内过于强烈的释热，流道中形成了一定程度的热力喉道，虽不至于完全导致热壅塞，但该热力喉道所带来释热压升将反作用于上游主流，在主流中形成如激波串等波系结构，并直接导致隔离段内的来流静压升高。

进一步将本节中氢气燃烧的实验工况所对应的稳燃模式与全局当量比及凹腔后缘构型的关系归纳为如图 5.52 所示的机制图。对应给定的前缘深度与凹腔长度，随着后缘高度增加及当量比的提升，凹腔中的燃烧将先后经历凹腔剪切层稳燃模式(Mode1)、扩张回流区/抬升剪切层稳燃模式(Mode2)、凹腔辅助的射流尾迹稳燃模式(Mode3)，直至当量比过大而导致燃烧室热壅塞。尽管实验数据样本有限，但图中所反映的稳燃模式与燃料供给及凹腔构型之间的内在关联对于后缘突扩型凹腔应当是普适的。

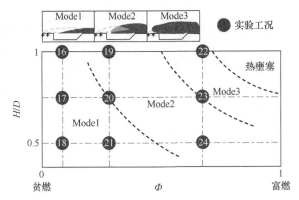

图 5.52　基于本节实验结果推测的凹腔稳燃模式与几何构型 H/D 及当量比 Φ 关联机制图

　　综合本节研究结论，并结合前文的实验研究与数值模拟结果，下面将总结不同构型凹腔中三种稳燃模式的反应区结构。

　　图 5.53 为凹腔剪切层稳燃模式示意图。在该稳燃模式下，火焰基底总是被稳定在距离凹腔前缘下游不远处的剪切层中，火焰的传播将在很大程度上依附于剪切层中的速度条件。剪切层中的燃烧所生成的高温产物将借助回流区的沿途卷吸以及后缘壁面附近的输运直接进入凹腔中来。这部分产物所携带的热量在回流区内随着流体运动又将进一步传输给上方剪切层中的火焰基底，从而给其提供足够的热量条件。而射流上部的燃料在相当长一段流向距离内并未被点着，因此该模式下燃烧效率并不高，释热也相对较低，但同时鲁棒性也最强。

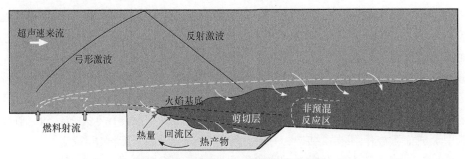

图 5.53　凹腔剪切层稳燃模式示意图

　　图 5.54 为扩张回流区/抬升剪切层稳燃模式。在该稳燃模式下，由于足够多的燃料在凹腔剪切层附近燃烧，回流区沿横向显著扩张，剪切层随之大幅抬升，回流区与上方剪切层一同构成反应区，火焰基底稳定于靠近凹腔前缘的剪切层与回流区的交接地带。大量的燃烧中间产物及其所释放的热量驻留于回流区中，得益于回流区内增强的释热，剪切层中的预混燃烧区进一步增强。剪切层的上方，受

火焰传播机制主导将产生一道火焰传播锋面，其下游相应形成一个相对较弱的预混燃烧区。上游射流弓形激波在上壁面形成的反射激波将在主流中增强燃料射流上方部分区域内的反应。实际上，在扩张回流区/抬升剪切层稳燃模式下，凹腔回流区与剪切层空间结构特性的改变与凹腔燃烧的增强之间的相互作用构成了相互的正反馈关系，抬升的剪切层使得凹腔附近的速度条件变得更适宜火焰稳定，而稳定的火焰反过来又将进一步增强凹腔回流区及剪切层中的释热，使得该区域内的气体压力显著升高，从而促进了回流区的扩张与剪切层的抬升。射流下游中心区域内未燃烧的过量燃料将在下游区域内与四周的空气产生非预混反应，进一步释放热量。

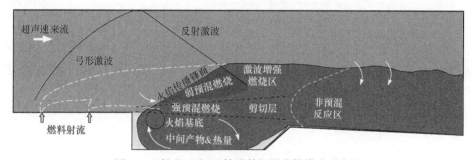

图 5.54　扩张回流区/抬升剪切层稳燃模式示意图

图 5.55 为凹腔辅助的射流尾迹稳燃模式示意图。在该稳燃模式下，火焰基底稳定于射流出口穿透转向区或下游不远处的尾迹区，火焰前锋前移到凹腔前缘上游，并在后方形成大面积的预混燃烧区以及更下游的扩散主导燃烧区。该模式下燃烧室内的反应释热大幅增加，隔离段内开始形成显著的预燃激波串，反应区背压可能出现间歇性前传。此时火焰基底的自持稳定可能受到两种机制的共同作用，一方面，剪切层或回流区内的高温热产物或活性化学基可能借助凹腔前缘附近及上游近壁区的回流区直接给火焰基底的维持提供必要的热量，而横向射流出口的四周本身就具备良好的回流速度条件；另一方面，射流上部的燃料在四周较高的静温以及高焓来流条件下点火延迟时间大大缩短，可能在到达核心反应区之前已经实现局部自点火(尤其对于上游 J1 喷孔中的燃料)，且该效应在展向中心区域更为显著。尽管回流区前部接近凹腔前缘的位置不再有集中的反应释热，但有理由相信凹腔对该稳燃模式的形成具有决定性的作用，因为正是凹腔附近建立起的高释热率反应区给上游射流附近的火焰基底稳定提供了足够的支撑条件。

总体来说，对于凹腔上游喷注燃料的燃烧流场，凹腔后缘突扩效应总是倾向推迟凹腔稳燃模式由释热较弱的剪切层稳燃模式向释热较强的射流尾迹稳燃模式的转换。这对高飞行马赫数的超燃冲压发动机而言是一个优良特性，因为高焓来流条件下的过量释热会对发动机内流道的热防护以及发动机燃烧室的正常工作提出严苛要求，一个恰当的凹腔后缘突扩率可以延缓模态的转换，在燃烧达到热壅塞状态之前发动机能够容忍更多的燃料供应，从而保证了推力需求。

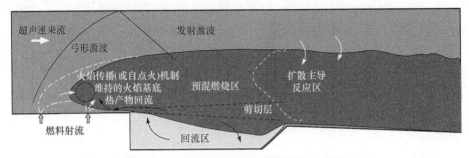

图 5.55　凹腔辅助的射流尾迹稳燃模式示意图

基于实验与数值模拟研究，本节在此处提出一个有关后缘突扩凹腔构型设计的初步准则：后缘突扩凹腔的后缘高度应当慎重选择，它不应过低，导致凹腔的火焰稳定能力与燃烧效率的大幅降低，同时不能过高，以避免造成过大的总压损失与压力，并丧失高量比条件下后缘突扩效应带来的优势。本节建议后缘突扩率控制在 0.25～0.4。

5.5　本 章 小 结

本章研究了不同构型凹腔的燃烧特性，针对火焰稳定、火焰结构与稳燃模式，探讨了凹腔构型的影响，主要结论如下：

(1) 对于中等全局当量比条件下的乙烯燃烧，后缘突扩凹腔中的反应释热区仍旧主要集中于凹腔周围，凹腔下游将散布诸多反应气团，并在近壁区形成较为稳定的尾焰释热区。上游燃料与空气混气沿着凹腔剪切层形成了集中反应区，并生成大量的化学释热，而这些释热进一步支撑此处的燃烧自持，由此形成火焰基底。同时，在火焰传播机制主导下，反应区将进一步延伸到射流中心区域。富余的燃料会沿着凹腔剪切层上游区域到达凹腔后部，并在靠近凹腔后缘的回流区内形成一个剧烈的释热区。回流区及剪切层附近的燃烧将以预混火焰为主要形式，而在凹腔下游，非预混效应开始变得显著。计算结果表明，回流区内的局部燃烧释热与当地的湍流强度之间具有一定程度的关联性，因此一个合理的湍流化学反应相互作用封闭模型对湍流燃烧数值模拟而言具有重要意义。

(2) 相比于采用凹腔上游并联式燃料喷注方案，采用凹腔上游串联式燃料喷注方案在凹腔附近区域燃烧相对较弱，但会在凹腔下游区域形成更大的释热区域从而强烈地燃烧；凹腔上游串联式燃料喷注方案对于后缘突扩凹腔燃烧室中的火焰稳定过程来说是一个优化的燃料喷注方案，在该燃料喷注方案条件下，能够在燃烧室内形成一个强烈且稳定的火焰。

(3) 后缘突扩构型将削弱凹腔的火焰稳定能力。在给定的超声速来流条件下，对于点火延迟较长的碳氢燃料而言，过量的后缘突扩程度将可能导致凹腔彻底丧失火焰稳定能力。在后缘突扩率过大的凹腔中点火，其生成的初始火焰将可能直接被吹熄。计算与实验结果显示，初始火焰在向上游剪切层及回流区传播的途中遭遇了上方高速气流的冲击，大部分处于活性状态的已燃气体无法顺利到达凹腔中前部的局部回流中，因而导致其无法在凹腔剪切层或回流区中形成火焰基底。

(4) 根据研究结果提出了一个关于后缘突扩凹腔火焰稳定性的几何极限概念，用于阐释凹腔几何构型的量变可能导致凹腔稳焰性能发生质变。在给定的超声速来流与喷注条件下，对于固定的凹腔前缘台阶深度与凹腔底壁长度，一旦后向台阶构型无法稳定火焰，那么必定存在一个具体的尺寸取值，当凹腔的后缘高度低于它时，无论如何增加上游喷注的燃料流量或全局当量比，都无法实现凹腔的火焰稳定，而该尺寸是后缘突扩凹腔的几何极限。

(5) 凹腔后缘高度对凹腔稳定的火焰结构具有显著影响。在凹腔剪切层稳燃模式下，较之常规非突扩凹腔，后缘突扩凹腔中的火焰整体更贴近底壁，受到主流的压缩效应更加明显，且凹腔下游的火焰更弱。在同等当量比条件下，后缘突扩效应将降低燃料的消耗率，从而降低燃烧效率。对于足够高的当量比，常规非突扩凹腔中的乙烯火焰可能会由于展向中心区域气体极其富燃而产生侧壁效应，此时射流下游不远处的火焰将紧贴在燃烧室远离展向射流中心的侧壁上。而后缘突扩凹腔则将延缓该侧壁火焰现象的产生。

(6) 后缘突扩凹腔中的火焰稳定模式被归纳为三种。第一种是凹腔剪切层稳燃模式，该模式下火焰基底总是被稳定在距离凹腔前缘下游不远处的剪切层中，火焰的传播将在很大程度上依附于剪切层中的速度条件，燃烧效率与释热较低，但鲁棒性强。第二种是扩张回流区/抬升剪切层稳燃模式，此时回流区与上方剪切层一同构成反应区，火焰基底稳定于靠近凹腔前缘的剪切层与回流区的交接地带，凹腔回流区的扩张及剪切层的抬升与凹腔燃烧的增强起到了相互促进的作用。第三种是凹腔辅助的射流尾迹稳燃模式，该模式中火焰基底稳定于射流出口穿透转向区或下游不远处的尾迹区，火焰前锋前移到凹腔前缘上游，并在后方形成大面积的预混燃烧区以及更下游的扩散主导燃烧区。实验研究表明，凹腔后缘突扩效应总是倾向推迟凹腔稳燃模式由释热较弱的剪切层稳燃模式向释热较强的射流尾迹稳燃模式的转换。这对于防止高当量比条件下的燃烧室热壅塞现象具有重要意义。基于上述结论给出了后缘突扩凹腔设计的初步准则。

参 考 文 献

[1] 杨揖心. 后缘突扩型凹腔超声速流动模式与稳焰机理研究[D]. 长沙: 国防科技大学, 2018.

[2] Cai Z, Zhu X B, Sun M B, et al. Experiments on flame stabilization in a scramjet combustor with a rear-wall-expansion cavity[J]. International Journal of Hydrogen Energy, 2017, 42(43): 26752-26761.

[3] Wang H B, Wang Z G, Sun M B, et al. Combustion modes of hydrogen jet combustion in a cavity-based supersonic combustor[J]. International Journal of Hydrogen Energy, 2013, 38(27): 12078-12089.

[4] Wang H B, Wang Z G, Sun M B, et al. Combustion characteristics in a supersonic combustor with hydrogen injection upstream of cavity flameholder[J]. Proceedings of the Combustion Institute, 2013, 34(2): 2073-2082.

[5] Micka D J. Combustion Stabilization, Structure, and Spreading in a Laboratory Dual-Mode Scramjet Combustor[Ph.D. Thesis]. Michigan: The University of Michigan, 2010.

[6] Wang Z G, Cai Z, Sun M B, et al. Large eddy simulation of the flame stabilization process in a scramjet combustor with rearwall-expansion cavity[J]. International Journal of Hydrogen Energy, 2016, 41(42): 19278-19288.

[7] Cai Z, Liu X, Gong C, et al. Large eddy simulation of the fuel transport and mixing process in a scramjet combustor with rearwall-expansion cavity[J]. Acta Astronautica, 2016, 126: 375-381.

第6章　凹腔中的火焰闪回过程

超声速气流中的火焰闪回现象是超声速燃烧振荡现象中的重要子过程，虽然众多学者针对火焰闪回现象进行过研究，但是学术界仍未就超声速气流中火焰闪回诱发机制达成统一的认识。为了提高超燃冲压发动机燃烧效率同时兼顾燃烧室的可靠性和鲁棒性，需要对超燃冲压发动机凹腔燃烧室内的火焰闪回诱发机制进行系统研究。本章首先通过高速摄影和纹影技术，配合定量分析方法开展实验研究，然后借助数值仿真，采用控制变量法对火焰闪回诱发因素进行定性与定量分析，最后基于实验与仿真结果总结分析火焰闪回诱发机制，并进一步提出两种描述火焰闪回诱发的理论模型。

6.1　燃料喷注方案对火焰闪回过程的影响

首先采用实验研究方法对火焰闪回诱发机制进行分析。通过七组对比方案研究了不同燃料喷注压力、喷注距离、喷注角度和喷嘴数量对火焰闪回诱发机制的影响，实验中详细的流动条件和结果列于表 6.1 中。图 6.1 为低当量比条件下方案 1 的高速摄影和纹影图像。图 6.1(a)～(d)中左侧箭头表示空气来流方向。图 6.1(e)～(h)中燃烧室壁面两箭头表示燃料喷孔 f_1 / f_2。

表 6.1　不同喷注方案流动条件与结果

方案	喷注总压/燃料当量比	f_1/f_2 喷孔	燃烧特征
1	$P_{jet} = 2.1\text{MPa}, \ \varPhi = 0.28$	6 喷嘴，$\varphi = 60°$，$L_2 = 150\text{mm}$	稳定燃烧
2	$P_{jet} = 2.4\text{MPa}, \ \varPhi = 0.34$	6 喷嘴，$\varphi = 60°$，$L_2 = 150\text{mm}$	火焰闪回
3	$P_{jet} = 2.7\text{MPa}, \ \varPhi = 0.37$	6 喷嘴，$\varphi = 60°$，$L_2 = 150\text{mm}$	亚燃模态火焰闪回
4	$P_{jet} = 2.1\text{MPa}, \ \varPhi = 0.28$	6 喷嘴，$\varphi = 90°$，$L_2 = 150\text{mm}$	火焰闪回
5	$P_{jet} = 2.1\text{MPa}, \ \varPhi = 0.28$	6 喷嘴，$\varphi = 90°$，$L_2 = 110\text{mm}$	火焰闪回
6	$P_{jet} = 2.1\text{MPa}, \ \varPhi = 0.28$	6 喷嘴，$\varphi = 120°$，$L_2 = 110\text{mm}$	火焰闪回
7	$P_{jet} = 2.7\text{MPa}, \ \varPhi = 0.37$	2 喷嘴，$\varphi = 60°$，$L_2 = 170\text{mm}$	火焰闪回

6.1.1　不同燃料喷注压力

通过方案 1、2 和 3 的对比实验研究了燃料喷注压力(全局当量比)对火焰闪回现象的影响。由方案 1 的实验结果可知，较低的喷注压力意味着较低的当量比，从而不能在凹腔下游的预混区域产生剧烈燃烧，燃烧始终稳定在凹腔剪切层和下游边界层内。此外，从纹影图像中可以观察到燃料喷注引起的弓形激波及其上壁面反射激波受下游燃烧释热的影响很小，表明主流场始终保持超声速状态，分离边界层在整个过程中一直保持稳定状态。

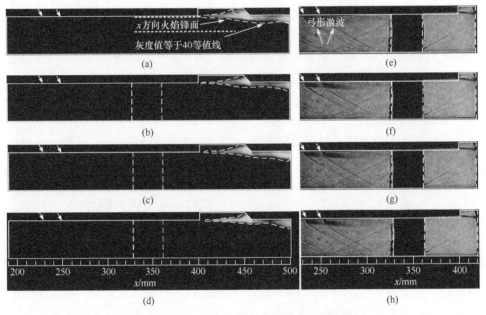

图 6.1 低当量比条件下方案 1 的高速摄影和纹影图像（$\Delta t = 1\text{ms}$）

图 6.2 展示了方案 2 中等燃料当量比条件下发生的火焰闪回及其火焰往复传播的燃烧振荡过程。根据图中火焰锋面瞬时变化过程，本节可以将一个典型的燃烧振荡过程大致分为三个不同的阶段：阶段 1 为火焰闪回阶段（(a)～(d)、(i)～(l)）；阶段 2 为火焰吹熄阶段（(e)～(g)、(m)～(o)）；阶段 3 为火焰重新稳定阶段（(h)、(p)）。与方案 1 相比，较高的燃料喷注压力导致更高的射流穿透深度，因此它产生更强的弓形激波。在射流弓形激波背风处存在的低速区以及其中的高局部当量比会引起凹腔剪切层和凹腔下游边界层中发生较为强烈的燃烧。正如图 6.2(i)～(l)所示，受到下游较强燃烧释热影响，在射流喷注位置形成一组预燃激波串，表明燃烧室内发生了热力学壅塞现象。射流弓形激波下游可以产生高温、高压、低速分离区，此处射流穿透深度得到增强，并伴随着更多来流空气与燃烧主流进行质量交换，混合效率得以提高，从而更有利于增强燃烧强度。以上所有效应共同作用促使凹腔下游分离边界层中的燃烧强度提高，并促使边界层进一步分离。当边界层分离超过某种程度时，充满火焰的分离边界层占据主流通道形

成热力学喉道。此时主流通道流速降低，火焰基沿着燃烧室下壁边界层快速向上游移动，强化的预激波串随后被推向上游，直到它到达燃料喷孔位置时火焰闪回阶段结束。与 Laurence 等[1-3]观点相同，由边界层分离造成的热力学壅塞是火焰闪回的必要条件，而相对较高的当量比是构成超声速燃烧火焰闪回的前提条件。

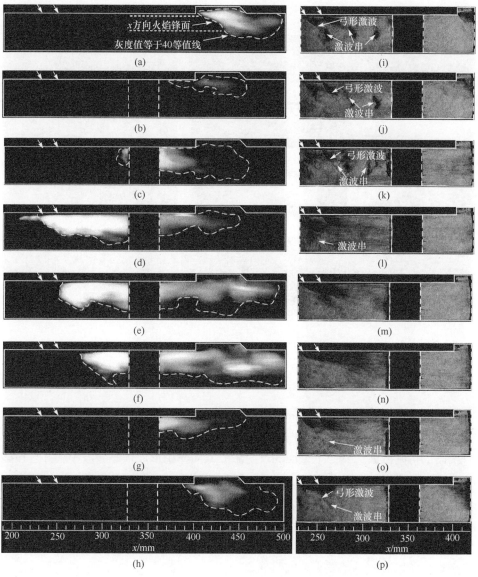

图 6.2　中等当量比条件下方案 2 的高速摄影和纹影图像($\Delta t = 0.4\text{ms}$)

如图 6.3 所示，由于存在相对较高的喷注总压，方案 3 的射流穿透深度更大，凹腔内和凹腔下游边界层燃料当量比较高，强烈的燃烧导致火焰闪回现象。从纹影图像可知，在整个过程中未观察到激波串，仅有非常弱的射流弓形激波时而出现在流场中，这表明流场已经从超声速转变为亚声速。因此，燃烧室模态完全转变为亚燃模态。方案 4~6 都诱发了火焰闪回现象，并且火焰流场结构与方案 2 类似，为了避免重复，只给出纹影图对比。

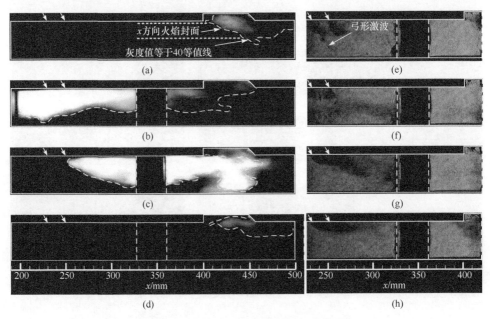

图 6.3　高当量比条件下方案 3 的高速摄影和纹影图像($\Delta t = 1\text{ms}$)

6.1.2　不同燃料喷注距离

本节研究不同燃料喷注距离对火焰闪回现象的影响。从图 6.4 可以看出，虽然燃料喷孔的喷注距离不同，两种方案的波系结构类似，在射流弓形激波后都出现清晰的再附激波，其与下壁面的反射激波共同作用形成预燃激波串，并且在整个过程中预燃激波串始终可见。另外，预燃激波串出现在凹腔上游，在火焰闪回过程中，其被紧贴在上壁面的火焰挤压，沿着靠近下壁面位置逐渐向上游传播。射流的穿透深度在闪回过程中得到了增强。由于方案 4 中燃料喷注距离较长，凹腔与射流弓形激波之间的相互作用较弱，并且较高的燃料混合程度能够进一步促进燃烧，所以更容易诱发火焰闪回现象。

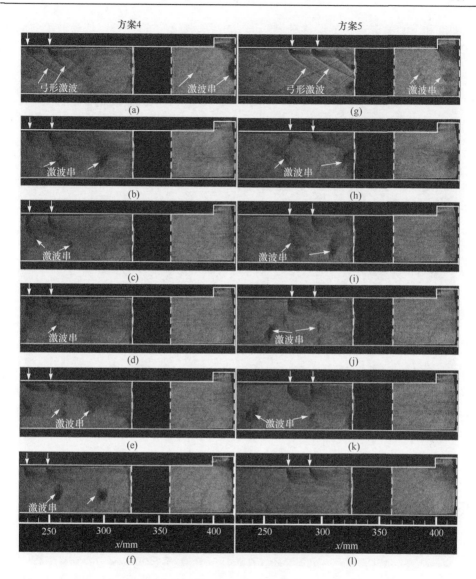

图 6.4　不同燃料喷注距离条件下的纹影图像($\Delta t_4 = 2\text{ms}, \Delta t_5 = 1\text{ms}$)

6.1.3　不同燃料喷注角度

本节选取三种不同燃料喷注角度对火焰闪回诱导机制进行分析。正如文献[4]中的观点，射流造成喷孔上游回流区和弓形激波。仔细比较纹影图像(图 6.5)，可以发现燃料喷孔角度从锐角变化到钝角过程中弓形激波逐渐变强，分离区域逐渐变大，回流区逐渐增大，使得燃料射流深度得到增强，提高了燃料混合度。因此方案 4 和 6 比方案 1 和 5 分别表现出更好的混合性能。在此基础上，凹腔内的燃烧强度和下游的分离边界层逐渐增强形成热力学壅塞，迫使预燃烧激波串向前移动，诱发火焰闪回现象。

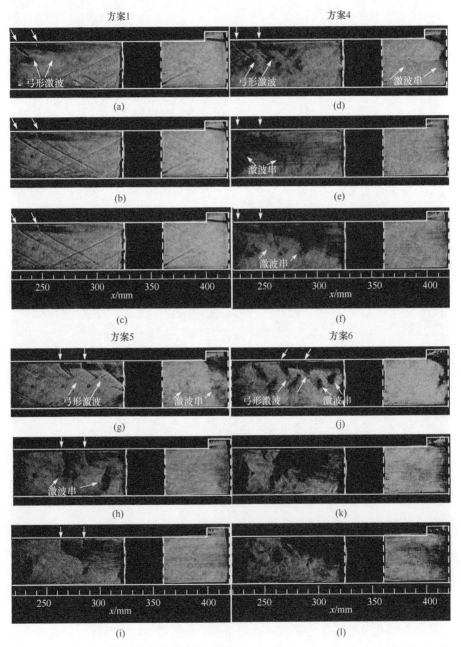

图 6.5 不同燃料喷注角度条件下的纹影图像（$\Delta t_1 = 1\text{ms}$，$\Delta t_4 = 4\text{ms}$，$\Delta t_5 = 2\text{ms}$，$\Delta t_6 = 3\text{ms}$）

6.1.4　不同燃料喷嘴数量

本节在高喷注压力条件下，对比了不同燃料喷嘴数量对火焰闪回的影响。从图 6.6 中可以看到，尽管方案 7 喷注距离较长，并采用了更高的喷注压力(或燃料当量比)，但由于喷嘴直径较大，射流穿透深度较低，弓形激波较弱，所以热力学壅塞能力较弱，只表现为凹腔剪切层内的稳定燃烧，而不与边界层发生相互作用。另外根据 Pudsey 和 Boyce[5]的观点，相同喷注流量条件下，6 喷嘴相比 2 喷嘴能够增强近场混合从而提高燃料燃烧强度，这也是方案 3 能够诱发火焰闪回的原因。

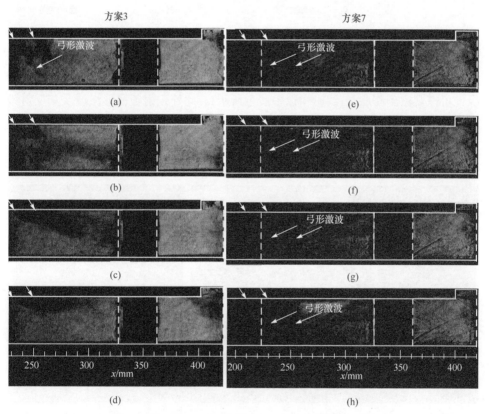

图 6.6　不同燃料喷嘴数量条件下的纹影图像($\Delta t = 1\text{ms}$)

6.2　凹腔构型对火焰闪回过程的影响

本节主要研究了凹腔长深比、凹腔后缘倾角和凹腔下游氮气节流位置对火焰闪回诱发机制的影响。六组对照实验方案详细的流动条件和结果列于表 6.2 中。

表 6.2 不同凹腔构型方案流动条件与结果

方案	喷注总压/燃料当量比	凹腔长度 L / 凹腔后缘倾角 θ / 氮气节流位置 L_i	燃烧特征
1	$P_{jet} = 2.4\text{MPa}, \Phi = 0.34$	$L = 40\text{mm}$	稳定燃烧
2	$P_{jet} = 2.4\text{MPa}, \Phi = 0.34$	$L = 56\text{mm}$	火焰闪回
3	$P_{jet} = 2.1\text{MPa}, \Phi = 0.28$	$\theta = 45°$	稳定燃烧
4	$P_{jet} = 2.1\text{MPa}, \Phi = 0.28$	$\theta = 90°$	火焰闪回
5	$P_{jet} = 2.1\text{MPa}, \Phi = 0.28$	$L_4 = 30\text{mm}$	稳定燃烧
6	$P_{jet} = 2.1\text{MPa}, \Phi = 0.28$	$L_3 = 10\text{mm}$	火焰闪回

如图 6.7 所示，方案 1 中火焰在凹腔剪切层及下游保持稳定燃烧。在凹腔前缘处可以观察到膨胀波(纹影图像中浅色所示)。此外，射流弓形激波及其反射激波始终可见，表明流场一直处于超声速状态。凹腔前缘处的分离边界层向下游延伸形成剪切层，火焰在剪切层中保持稳定燃烧。方案 3 和方案 5 的火焰结构与方案 1 类似，因此不再列出以避免重复。

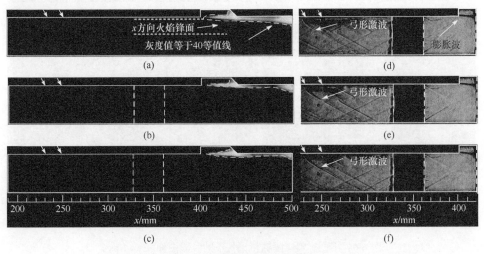

图 6.7 方案 1 中高速摄影和纹影图像($\Delta t = 2\text{ms}$)

图 6.8 显示了大幅度燃烧振荡过程,正如 6.1 节讨论的振荡过程可以分为三个阶段，即火焰闪回阶段((a)～(c)、(i)～(k)、(q)～(s))、火焰吹熄阶段((d)～(g)、(l)～(o)、(t)～(w))和火焰重新稳定阶段((h)、(p)、(x))。初始阶段，火焰稳定在凹腔体剪切层及其下游边界层内。由于某些原因(将在 6.2.1～6.2.3 节中详细讨论)，在凹

腔内和下游边界层中发生剧烈燃烧。通过积聚燃烧释热能量，分离边界层中的火焰燃烧强度逐渐增强并使边界层继续增大占据流道形成热力学喉道，诱发火焰从凹腔前缘向上游传播。通过纹影图像也可以观察到分离的边界层逐渐扩大并且内部的火焰形成明显的热力学喉道。正如火焰闪回阶段的纹影图像(图 6.9(a)～(c)、(i)～(k)、(q)～(s))所示，燃料喷孔附近的预燃激波串伴随着燃烧的增强逐渐向前推进。研究表明，在该过程中激波后会产生一个高温、高压、低速区域，使得燃料驻留时间延长并促进燃料混合，从而有助于增强燃烧。在纹影图像中也可以清楚地看到，低速流中射流穿透深度增加，亦可提高燃料混合程度。所有这些因素共同作用于凹腔下游火焰，使其推动预燃激波串向上游传播。火焰基底沿着燃烧室下壁面快速向上游移动，直至到达燃料喷孔位置附近。因此可以得出结论，凹腔下游区域的边界层分离是火焰闪回的必要条件，由此构成的热力学喉道和流动壅塞是最终诱发火焰闪回现象的重要原因。

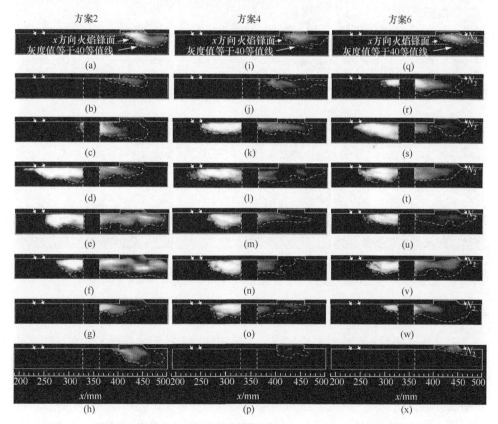

图 6.8　不同凹腔参数条件下的高速摄影图像($\Delta t_2 = 0.4\text{ms}$, $\Delta t_4 = 0.5\text{ms}$, $\Delta t_6 = 1\text{ms}$)

图 6.9　不同凹腔参数条件下的纹影图像（$\Delta t_2 = 0.4\text{ms}, \Delta t_4 = 0.5\text{ms}, \Delta t_6 = 1\text{ms}$）

6.2.1　不同凹腔长深比

　　本节研究凹腔长深比对燃烧振荡和火焰闪回现象的影响。对于方案 1，即使喷注总压提高到 2.4MPa(相应的全局当量比为 0.34)，也没有发生火焰闪回现象，仅在凹腔剪切层及下游处维持稳态燃烧。然而，方案 2 中出现伴随火焰快速前后传播的燃烧振荡现象。凹腔长度对燃烧的影响主要源于凹腔回流区大小以及凹腔剪切层与主流之间的质量和热量交换。从图 6.8 和图 6.9 中可以看出，较短的凹腔长度限制了凹腔中的释热以及质量和热量交换，因此火焰稳定在凹腔剪切层和下游，而较长的凹腔长度促进释热以及凹腔剪切层与主流间的质量和热量交换。与方案 3 相比，方案 2 中更高的喷注压力导致较高的全局当量比，使得燃烧进一步增强。这些因素作用于火焰并与凹腔下游边界层相互作用逐渐占据流动通道，进一步形成热力学喉道以诱发火焰闪回现象。在火焰闪回阶段(图 6.9(b)～(f))，燃料喷孔附近的预燃激波串逐渐向上游移动直至消失。

6.2.2　不同凹腔后缘倾角

本节研究凹腔后缘倾角对火焰闪回的影响。仍然关注图 6.8 和图 6.9，方案 4 中 90°凹腔后缘倾角方案中出现火焰闪回现象。与 Zare-Behtash 等[6]的结论相同，凹腔后缘倾角对燃烧的影响主要源于后缘斜面产生的撞击激波。其作用于凹腔剪切层与主流间质量和热交换，当后缘倾角从 45°转变为 90°时，会产生强烈的撞击激波，激波作用于凹腔与剪切层并导致剪切层抬升，其作用类似于分离的边界层[7]。另外，对于倾角更大的凹腔后缘倾角，会在剪切层附近产生较大回流区，由凹腔剪切层和主流之间的速度偏差导致的涡旋促进凹腔剪切层与主流之间的质量热量交换。在此效果下，凹腔内与凹腔下游火焰燃烧强度增强，分离边界层逐渐增厚并占据流动通道形成热力学喉道，从而诱发火焰闪回现象。

6.2.3　不同氮气节流位置

本节研究凹腔下游的氮气节流位置对火焰闪回现象的影响。方案 5 中节流位置远离凹腔后缘，氮气喷注造成的分离激波并不能作用于主流，并且分离边界层不会显著增厚。火焰与分离边界层之间没有剧烈的相互作用，因此没有诱发火焰闪回现象。方案 6 在凹腔后缘较近距离处施加氮气节流。氮气喷注逆压梯度、弓形激波和分离激波导致附加分离区域，火焰在分离边界层中更容易组织燃烧。在此效果下，凹腔下游的分离边界层逐渐增厚，分离边界层逐渐占据主流通道并形成热力学喉道，从而诱发火焰闪回现象，迫使预燃激波串和喷注弓形激波向前移动。

6.3　边界层条件及多种扰动因素对火焰闪回过程的影响

6.1 节和 6.2 节通过实验结果展示了火焰闪回现象，但是受到观测条件等各种因素的限制，无法通过实验手段捕获一些关键流场信息，因为也不能厘清诱发火焰闪回现象的详细机理，需结合数值仿真手段进一步研究。本节依照崔兴达[8]的实验数据，对超声速燃烧火焰闪回现象中的详细过程进行数值仿真模拟。本节使用作者研究团队的混合 LES/RANS 程序[9]，结合控制变量方法对火焰闪回的诱发因素进行定量研究分析。

6.3.1 仿真条件

数值仿真采用五阶 WENO 格式[10]计算非黏性通量，黏性通量的计算采用二阶中心格式。为了提高计算效率，采用二阶隐式双时间步法[11]，CFL 数为 0.5。燃烧模型使用设定型 PDF 模型。计算域和边界条件示意图如图 6.10 所示，实验中采用 200mm 长隔离段以使得湍流边界层充分发展，数值计算中为了减少计算量，入口采用湍流边界回收调节方法的同时展向长度取 10mm。为了研究火焰闪回机理的诱发因素，在上壁面设置两种边界条件(无滑移边界条件或滑移边界条件)，计算域两侧采用周期性边界条件。燃烧室下壁面和凹腔壁均采用绝热、无滑移边界。在距离凹腔前缘 130mm 和 110mm 处设置两个直径 1mm 的乙烯燃料喷孔并与主流呈 $\varphi = 60°$ 角度。整体计算域分为 44 个并行计算域，将主流通道分 40 块，凹腔分 4 块。为了研究计算网格分辨率对湍流入口边界的影响，表 6.3 给出了三级网格分辨率。计算均采用第三级网格。采用湍流回收调节方法获取 3mm 厚度边界层。喷注总压为 $P_{jet} = 2.7\text{MPa}$，相应的全局当量比为 0.37。

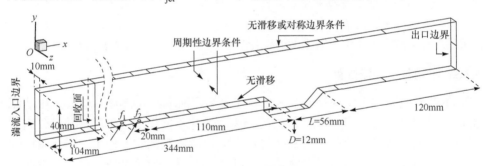

图 6.10   计算域和边界条件的示意图

表 6.3   不同分辨率级别的网格分布

	等级	N_x	N_y	N_z	总量/10^7	Δx^+	Δy^+	Δz^+
主流部分	1	1050	145	35	5.3	28	28	28
	2	1225	165	40	8.0	24	1~24	24
	3	1470	200	50	14.7	20	1~20	20
凹腔部分	1	200	75	35	0.53	28	28	28
	2	235	85	40	0.80	24	1~24	24
	3	280	100	50	1.47	20	1~20	20

本结果得到的统计特征符合超声速平板边界层理论。因此，下面使用 van Driest 变换速度统计方法评估网格无关性分析。首先，van Driest 变换速度定义为[12]

$$u_{VD}^+ = \int_0^{u^+} \left(\frac{\bar{\rho}}{\bar{\rho}_w} \right)^{1/2} du^+ \tag{6.1}$$

其中，$\bar{\rho}_w$ 表示壁上的密度；无量纲速度 u^+ 可以定义为 $u^+ = \bar{u}/u_\tau$，u_τ 为壁上的摩擦速度。

超声速湍流边界层中的 van Driest 变换速度 u_{VD}^+ 与不可压缩流中的平均流向速度满足相同的比例定律[13]，认为它是一条复合曲线，由线性子层、过渡层、对数律层和尾迹区组成。在线性子层中，u_{VD}^+ 应该满足 $u_{VD}^+ = y^+$。对数律层中的关系是 $u_{VD}^+ = (1/\kappa)\ln y^+ + C$，其中 κ 和 C 是常数。

图 6.11 绘制了 van Driest 变换速度曲线。在目前的流动条件下，von Kármán 常数 κ 为 0.4，对数律常数 C 为 5.5。在燃料喷孔前方 110mm 处计算得到的壁面摩擦速度 u_τ 为 0.0488，因此基于动量边界层厚度和壁面摩擦速度的相应雷诺数 Re_τ 约为 500。线性底层的计算结果在三个网格分辨率等级上朝向预期的通用速度定律收敛。但是第一级粗网格上的平均速度显示出对数率区域的偏移并且低估了摩擦速度，而第二级中间网格和第三级细网格上的平均速度显示出良好的网格收敛性与理论预测的良好一致性。此外，本结果与 Schlatter 等[14]的 DNS 结果 $Re_\theta \approx 1000$、具有代表性的雷诺数参数 $Re_\tau = 509.9$ 以及来自 Duan 等[15]的超声速边界层的 DNS 数据较为吻合。

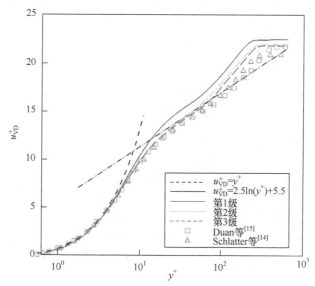

图 6.11　超声速湍流边界层中三个网格等级上的 van Driest 速度

由 6.1 节和 6.2 节的实验结果可知火焰振荡周期量级约为 0.01s，通常在数值仿真模拟中每个时间步长为 1～100ns，即使采用隐式双时间步时间推进格式，仍然不能接受计算耗时成本。为了降低计算成本同时保留重要的化学步骤，本节采用简化的乙烯/空气 7 组分/3 步化学反应简化机理[16]，即表 6.4(Original 机理)所示。计算是为了获得释热对燃烧效应的合理宏观解释，并不期望获得精确的反应过程和火焰温度，因此对原反应机理中的第一步反应的指前因子 A 进行了修改，注释 $A_1^* = 10 \times A$、$A_2^* = 2 \times A$ 分别为 M_1、M_2 机理。

表 6.4　乙烯/空气 7 组分/3 步化学反应简化机理

反应式	$A/[\text{cm}^3/(\text{mol}\cdot\text{s})]$	b	T_a/K
$C_2H_4 + O_2 \Leftrightarrow 2CO + 2H_2$	2.100×10^{14}	0.0	18015.3
$2CO + O_2 \Leftrightarrow 2CO_2$	3.450×10^{11}	2.0	10134.9
$2H_2 + O_2 \Leftrightarrow 2H_2O$	3.000×10^{20}	−1.0	0.00

如图 6.12 所示，为了验证改进机理的合理性，本节采用 CHEMKIN4.1 软件包[17]计算得到不同点火延迟时间并对比了 Kalitan 等[18]、Baker 等[19]和 Konnov[20]研究中的实验和数值计算数据。这里采用最大压力梯度作为实验中点火的对应点。从图中可知，在 1100～1900K 范围内，Original 机理和 M_1 机理分别高估和低估了点火延迟时间。相应地，计算中达到反应温度需要的时间均与实验值相差较远。特别是当温度较低时，点火延迟时间与实验数据差异明显。M_2 机理的点火延迟时间虽然不能完全与实验值重合，但是从整体误差来讲差异显著减少。因此，本章

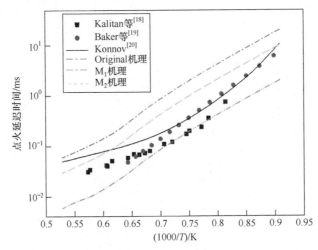

图 6.12　不同反应机理的点火延迟时间与实验数据对比图($C_2H_4/O_2/Ar$ 混合物，

$$\Phi = 1, Y_{\text{Ar}} = 96\%, P \approx 3\text{atm})$$

数值计算采用的是 M_2 乙烯/空气化学反应机理。湍流燃烧模型采用设定型概率密度函数模型。

6.3.2 凹腔对火焰稳定性的影响

本节讨论了凹腔对火焰稳定性的影响。图 6.13 展示上下壁面均为 3mm 湍流边界层厚度入口条件平板流场的瞬时温度分布。D、U_∞ 分别表示凹腔深度和入口来流速度，以用于标记无量纲时间。为了评估凹腔对火焰稳定及附加瞬间高温对火焰闪回现象的影响，在初始凹腔区域上方附加高温区域以模拟点燃乙烯/空气混合气。从温度分布历程图中观察到初始火焰从靠近燃烧室下壁向主流扩散，并且初始火核并不能够驻留在流场中，其被高速来流吹脱至燃烧室下游，最终在流道中熄灭。在没有凹腔稳焰器条件下，即使通过附加高温点火源也不能实现流场稳定燃烧，表明凹腔内低速回流区中的值班火焰对燃烧室火焰稳定的重要性。

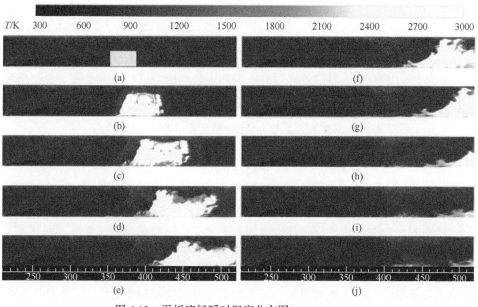

图 6.13　平板流场瞬时温度分布图($\Delta t = 5D / U_\infty$)

另外，进一步研究了特殊条件下的点火延迟时间。图6.14 显示了乙烯/空气混合物在不同条件下的点火延迟时间，温度变化范围为 $800 \sim 2000K$，当量比为 $0.5 \sim 1.5$，静压为 $0.5 \sim 1.0atm$。显然，不同条件下的点火延迟时间为 $10^{-3} \sim 10^{0}s$，这表明在点火过程中，混合气将至少向下游传播 20mm，本节定义为最大点火距离。该部分会在 6.3.4 节中应用。

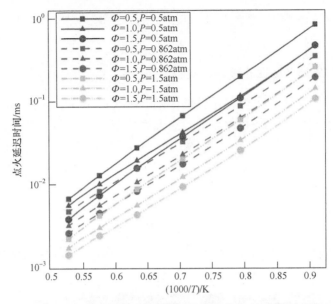

图 6.14　乙烯/空气混合物在不同条件下的点火延迟时间图

6.3.3　边界层条件对火焰闪回的影响

　　本节针对燃烧室边界层条件对火焰闪回现象的影响进行研究。表 6.5 给出了方案 1 和方案 2 的边界条件、扰动施加条件和火焰状态。

表 6.5　方案 1、2 的边界条件、扰动施加条件和火焰状态

方案	上壁面	下壁面	扰动条件	结果
1	3mm 湍流边界层	3mm 湍流边界层	未施加扰动	火焰闪回
2	滑移边界层	3mm 湍流边界层	未施加扰动	无火焰闪回

　　不同的来流湍流边界层条件也会影响燃烧室中凹腔稳焰器的火焰闪回状态。从图 6.15 中可以清楚地看到,方案 1 的结果表现出剧烈的火焰闪回现象。由于上壁面采用 3mm 湍流边界层,上下壁面分离边界层共同作用增强了主流压缩效应,火焰主要集中在凹腔下游边界层。当凹腔下游分离边界层内的燃烧不断增强时,分离边界层不断增大,进一步占据主流通道形成热力学喉道,诱发火焰闪回并推动火焰向前传播。下游火焰传播至凹腔位置处与凹腔内的火焰共同作用并进一步加速向上游传播,直至到达燃料喷孔区域。与之对比的是图 6.16 中由于上壁面采用滑移边界条件,上壁面对主流的压缩效应减弱不能形成热力学壅塞而诱发火焰闪回,仅在凹腔下游维持稳定的燃烧。

　　虽然方案 1 中上下壁面施加湍流边界层入口条件会引起燃烧室内的火焰闪回现象,但是流场中的温度和压力等参量具有一定的关联性,因此引起火焰闪回现

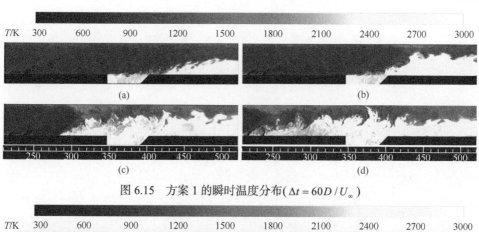

图 6.15 方案 1 的瞬时温度分布($\Delta t = 60D/U_\infty$)

图 6.16 方案 2 的瞬时温度分布($\Delta t = 60D/U_\infty$)

象的详细机制仍不清楚。为此，本节通过提取流场中沿程信息来提取敏感区域位置和敏感参数。图 6.17 显示了沿 x 轴不同 y-z 切片的平均压力和温度分布，很明显温度差异比压力更显著。图 6.18 显示了沿模型燃烧室下壁面的无量纲温度分布，

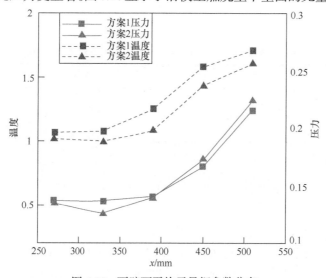

图 6.17 下壁面平均无量纲参数分布

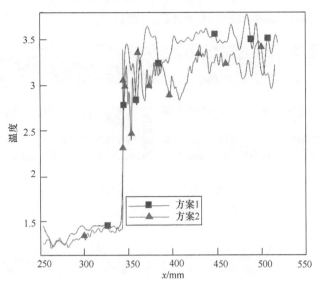

图 6.18　下壁面无量纲温度分布

这也证实了凹腔下游的显著温度差异。因此，可以得出结论：凹腔下游是火焰闪回现象的敏感区域，火焰闪回敏感参数为温度而非压力。

6.3.4　多种扰动因素对火焰闪回的影响

6.3.3 节分析认为温度和凹腔下游区域分别是火焰闪回现象的敏感参数和敏感区域。本节通过在凹腔下游施加额外的热力学扰动以模拟局部参数波动对火焰闪回的影响。因此，表 6.6 列出了方案 3~5 的边界条件、扰动施加条件和火焰状态。

表 6.6　方案 3~5 的边界条件、扰动施加条件和火焰状态

方案	上壁面	下壁面	扰动条件	结果
3	反射边界层	湍流边界层	扰动(30mm 长)位于凹腔下游 72mm 处	未发生火焰闪回
4	反射边界层	湍流边界层	扰动(15mm 长)位于凹腔下游 36mm 处	火焰闪回
5	反射边界层	湍流边界层	增加腔体下游的扩散系数	火焰闪回

图 6.19 和图 6.20 显示了在不同位置处施加热力学扰动后的瞬时温度分布结果。方案 3 中在凹腔下游 72mm 处(距出口 12mm)施加长 30mm、宽 10mm、高 20mm 的热力学扰动($T = 2500K$)；方案 4 在凹腔下游 36mm 处(距出口 72mm)施加长

15mm、宽 10mm、高 20mm 的热力学扰动($T = 2500K$)。尽管方案 3 中的热扰动总能量大于方案 4,但是由于施加的热力学扰动与燃烧室出口距离大于 6.3.2 节中定义的最大点火距离,扰动对燃烧室造成的影响较小,并未诱发火焰闪回现象。相反,在相同的来流和边界条件下,方案 4 中相对较低的热力学扰动因在主流中驻留时间相对较长而被放大并在整个流场中扩散,故诱发火焰闪回现象。由此,验证了敏感区域的热扰动会引起当地参数的波动,进一步增强燃烧强度;同时表明,随着热扰动的驻留时间增加,凹腔下游的燃烧波动得到增强。对比方案 4 与方案 1 发现,虽然施加热扰动,由于没有上壁面边界层的影响,方案 4 中火焰闪回速度比方案 1 要慢。当方案 1 的火焰前锋到达燃料喷孔位置时,方案 4 中的火焰前锋仍然距离燃料喷孔一定距离。

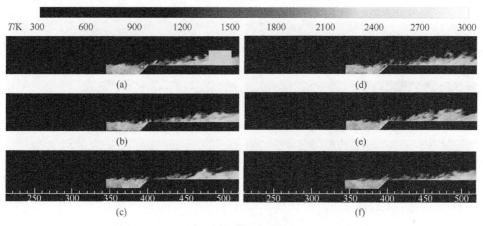

图 6.19　方案 3 中的瞬时温度分布($\Delta t = 60D / U_\infty$)

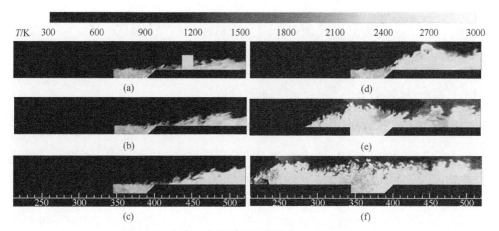

图 6.20　方案 4 中的瞬时温度分布($\Delta t = 60D / U_\infty$)

调整敏感区域组分扩散系数以提高局部混合程度是另一种在数值模拟中诱发火焰闪回的方法。图 6.21 展示了方案 5 的瞬时温度分布结果。在凹腔下游处，扩散系数放大到原来的 7 倍。在燃料和空气界面处，放大的扩散系数有效提高了燃料与空气的混合速度，这种增强的混合效率可以明显促进燃烧室燃烧强度。对比火焰闪回间隔时间，由于方案 5 仅简单地放大扩散系数，其完成火焰闪回过程所需要的时间大致为方案 4 所需时间的两倍。

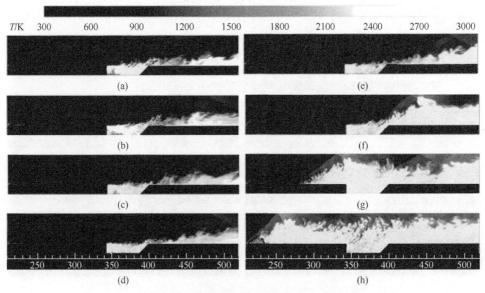

图 6.21　方案 5 中的瞬时温度分布($\Delta t = 60D / U_\infty$)

6.4　火焰闪回诱发机制的理论模型

本节针对实验与数值仿真研究过程总结得到的影响因素加以抽象提炼，从理论上对超声速燃烧中的火焰闪回机理进行分析与建模。

6.4.1　超声速燃烧火焰闪回诱发机制模型

在简化的燃烧模型中，控制体位于凹腔下游的分离边界层中，两端开口四周壁面绝热，其体积用 V 表示，长度用 L 表示，初始温度用 T_0 表示，预混气体的初始摩尔浓度用 C_0 表示，质量流量用 q 表示。图 6.22 为理论分析控制体示意图。经过一段时间，控制体内温度上升到 T，预混气摩尔浓度下降到 C。假定控制体内的温度和预混气摩尔浓度是处处相等的。控制体内发生 n 级化学反应。

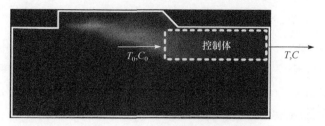

图 6.22 理论分析控制体示意图

能量平衡方程表示为

$$\rho V c_p \frac{\mathrm{d}T}{\mathrm{d}t} = (\Delta H)VC^n k_0 \exp(-\frac{E}{RT}) - q c_p (T - T_0) \tag{6.2}$$

式中，ρ 为密度；c_p 为定压比热容；ΔH 为反应热；k_0 和 E 分别为 Arrhenius 方程中的速率常数和活化能。

质量平衡方程为

$$\frac{\mathrm{d}C}{\mathrm{d}t} = C^n k_0 \exp(-\frac{E}{RT}) - \frac{q}{V\rho}(C_0 - C) \tag{6.3}$$

预混气体在控制体中释放的热量全部用来加热气体并带出系统。消耗的预混气体质量等于生成物质量。因此，式(6.2)和式(6.3)可以写成：

$$(\Delta H)VC^n k_0 \exp(-\frac{E}{RT}) = q c_p (T - T_0) \tag{6.4}$$

$$C^n k_0 \exp(-\frac{E}{RT}) = \frac{q}{V\rho}(C_0 - C) \tag{6.5}$$

定义无量纲数：$\varepsilon_1 = (C_0 - C)/C_0$ 为无量纲释热率，指预混可燃气中的部分化学能转化为热量并除以控制体内的总化学能；$\varepsilon_2 = \left[\rho c_p (T - T_0)\right]/qC_0$ 为无量纲散热率，指由燃烧产物带出去的部分热量(即用于加热产物的部分反应热)除以控制体内的总化学能；$\tau_d = \tau_1/\tau_2 = \left(\rho V k_0 C^{n-1}\right)/q$ 为无量纲作用时间，其中 $\tau_1 = L/v = (\rho V)/q$ 指预混气体在控制体中驻留时间，$\tau_2 = 1/\left(k_0 C^{n-1}\right)$ 是预混气体完全反应所需的总时间；$\theta = (RT)/E$ 为无量纲温度；$\psi = (\Delta HRC_0)/\left(\rho c_p E\right)$ 为无量纲总释热值。将五个无量纲参数代入式(6.4)和式(6.5)中，整理得到

$$\varepsilon_1 = \frac{1}{1 + \dfrac{\exp(1/\theta)}{\tau_d}} \tag{6.6}$$

$$\varepsilon_2 = \frac{1}{\psi}(\theta - \theta_0) \tag{6.7}$$

这里为了简化讨论，使用加权平均方法获得典型参数：$C_0 = 0.005\text{mol}$，$\Delta H = 10000\text{kJ/mol}$，$E = 80000\text{kJ/mol}$，$\rho = 0.7\text{kg/m}^3$，$c_p = 2.0\ \text{J}/(\text{kg} \cdot \text{K})$，$T_0 = 1150\text{K}$ 和 $\tau_d = 1.2$。τ_2 使用软件包(CHEMKIN[17])计算。

依照式(6.6)和式(6.7)及典型参数可以做出图 6.23~图 6.25，分别表示无量纲总释热率、无量纲初始温度和无量纲作用时间对系统稳定性的影响。

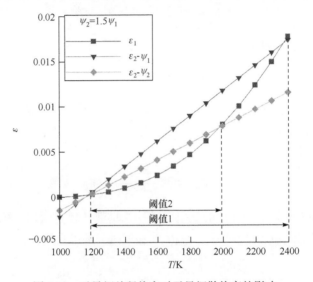

图 6.23　无量纲总释热率对无量纲散热率的影响

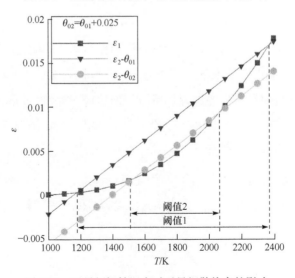

图 6.24　无量纲初始温度对无量纲散热率的影响

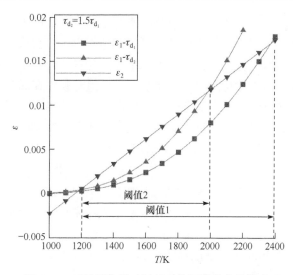

图 6.25　无量纲作用时间对无量纲释热率的影响

无量纲散热率直线与无量纲释热率曲线相交于两点。较低点代表系统静稳定点，当温度在该点附近做小幅度的波动变化时，系统能够重新稳定并回到平衡状态。然而，一旦波动超过较高点时，无量纲释热相比散热快速增长，系统便不能重新回到平衡状态。因此，可以定义两点在 x 轴上的投影为稳定系统允许的最大温度波动变化阈值。

对 6.1 节中的喷注参数影响因素采用火焰闪回诱发机制模型进行分析。第一组实验中较高燃料喷注压力方案的全局当量比自然也会较高，较多的燃料喷注必然增加系统的燃烧释热量，这会显著作用于无量纲总释热量 ψ 和无量纲初始温度 θ_0；第二组实验中较远的喷注距离能够提高混合效率，这对于凹腔后缘控制体内的无量纲初始温度 θ_0 增加有明显效果；第三组实验内较大的喷注角度能够有效增加燃料喷嘴的穿透深度，这对燃料的混合效率提升作用明显。另外，相对来流速度逆喷方案也会明显提高燃料混合效率；第四组实验内采用多喷嘴设计的方案比采用单个燃料喷嘴的方案混合效率得到了明显提升，因此控制体内的无量纲总释热量 ψ 会增加，无量纲初始温度 θ_0 将有所升高。这些方案对应的温度波动阈值均相比原方案有所降低，使得在相同温度波动范围条件下，超过系统不稳定点可能性大大增加，最终导致系统失稳。反映到实验中为强烈的燃烧促使凹腔下游区域的边界层逐渐分离并压缩主流，形成热力学喉道推动火焰向上游移动。另外，分离边界层内的相对较低速度能够有效增加无量纲驻留时间 τ_d，这对系统失稳进一步产生正反馈作用。

对 6.2 节中的凹腔参数同样可以采用火焰闪回诱发机制模型进行分析。第一组实验中较大凹腔长深比方案会增加凹腔内的释热及凹腔和主流间的质量热量交换，较好的燃料混合程度会显著增加控制体内的无量纲总释热量 ψ，升高无量纲初始温度 θ_0；第二组实验中较大的凹腔后缘倾角可以产生更强的撞击激波，并改善凹腔与主流之间的质量热量交换，进一步提高燃料混合程度，也会显著升高无量纲初始温度 θ_0，增加无量纲总释热量 ψ；第三组实验中在凹腔下游较近位置处喷注氮气模拟空气节流实验方案会促使边界层分离，分离边界层内的相对较低速度能够有效提升无量纲驻留时间 τ_d。与前文分析类似，强烈的燃烧促使凹腔下游区域的边界层逐渐分离并增加无量纲驻留时间 τ_d，系统内不稳定作用形成正反馈。

对 6.3 节中的数值仿真结果采用火焰闪回诱发机制模型进行分析。对比图 6.15 和图 6.16 可以明显观察到，方案 1 中上下壁面均采用湍流边界层的数值计算方案会显著增加边界层的压缩效应，从而明显提高了系统的无量纲初始温度 θ_0；对比图 6.19 和图 6.20 可知，方案 4 中靠近凹腔后缘处添加热力扰动方案会提升系统的无量纲初始温度 θ_0 并增加无量纲驻留时间 τ_d；方案 5 中放大凹腔下游的扩散系数可以有效提升混合效率，并作用于系统的无量纲初始温度 θ_0 和无量纲总释热量 ψ。所有因素的作用结果表现为凹腔下游区域边界层内的强烈燃烧现象，从而促使边界层进一步分离并增加了燃料的无量纲驻留时间 τ_d，最终导致系统内形成不稳定正反馈作用并最终失稳。

从多组实验与数值仿真结果中分析，虽然采用了控制变量方法，但是由于超声速燃烧内在的复杂性，改变一种变量会导致多种因素共同作用于系统，最终导致火焰闪回的结果。

6.4.2　超声速燃烧自点火与火焰传播竞争模型

本节提出一个简单的一维分析方法，以判断在高总温来流条件下的火焰闪回现象是否由自点火因素引起。图 6.26 给出了某时刻不同 y 向位置处的压力、温度和速度沿程分布图。从图中可以看出，靠近下壁面火焰区域内的释热会显著提高

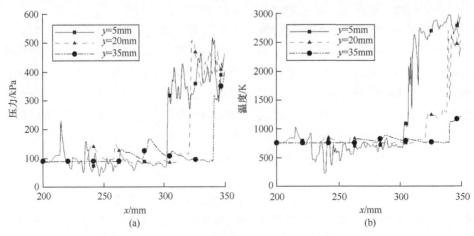

(a)　　　　　　　　　　　　　　　　(b)

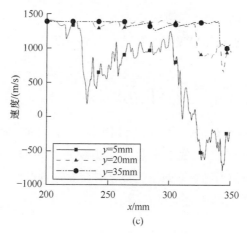

(c)

图 6.26　某时刻不同 y 向位置处流动参数沿程分布图

温度和压力，压缩来流主流并产生激波。在下壁面 x 为 215mm 、235mm 附近处的燃料喷注形成的弓形激波造成此处压力和温度突然变化。而在其他区域，由于斜激波扫过，流场参量发生突然变化。

图 6.27 给出了利用 CHEMKIN 软件采用 6.3.1 节中 M_2 化学反应机理在不同温度和压力条件下的自点火延迟时间。可以观察到，自点火延迟时间从 1000K 时的 10^{-2}s 量级迅速降低到 1800K 时的 10^{-5}s 量级，表明自点火性能对 1000~1800K 内的温度变化比较敏感。

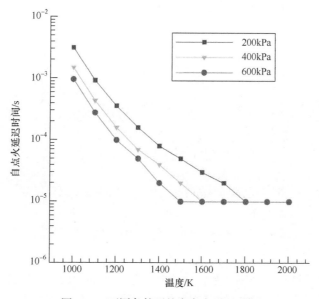

图 6.27　不同条件下的自点火延迟时间

采用 Knop 等[21]和 Colin 等[22]的方法，基于当地压力和温度计算自点火延迟时间表，通过定义自点火进度变量 φ 并结合当地速度信息来估算点火位置。自点火位置 x_a 表达式为

$$x_a = \int_0^1 \tau_a(x) \cdot \upsilon(x) \mathrm{d}\varphi \tag{6.8}$$

其中，$\tau_a(x)$ 是通过 x 点处的压力和温度列表计算得到的当地自点火延迟时间；$\upsilon(x)$ 是当地速度。当自点火完成并且火焰出现时，$\varphi = 1$。式(6.8)积分起点为 $x = 200\mathrm{mm}$ 位置，因为当燃料和热空气混合时会发生自点火。定义自点火位置 x_a 和火焰前锋位置 x_f 之间的相对距离 x_r 为

$$x_r = x_a - x_f \tag{6.9}$$

图 6.28 给出了六个时刻的结果，时间跨度基本涵盖了火焰闪回的整个阶段。从图中可以看出预估的相对距离都为正，表明自点火位置位于火焰前锋的下游区域，从而有效证明在该条件下并不是由自点火效应引起的火焰闪回效应。

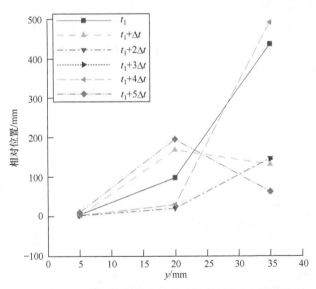

图 6.28　不同时刻的自点火与火焰前锋的相对位置

6.5　本　章　小　结

本章主要通过实验观察、数值仿真和理论分析等手段对带凹腔的矩形截面超燃冲压发动机燃烧室中喷注乙烯燃料的火焰闪回诱发机制和特征现象进行系统的

分析，主要结论如下：

(1) 实验中喷注参数影响火焰闪回的因素有燃料喷注压力、燃料喷注角度、燃料喷注距离、燃料喷嘴数量。诱发火焰闪回现象的内在机理为：①凹腔下游的低速分离区域扩大为稳定燃烧提供了有利条件；②弓形激波后形成的高温、高压、低速区域有利于燃烧强度的增强；③燃料驻留时间的增加有利于燃料与空气的混合，为燃烧增强提供保证。

(2) 实验中凹腔构型参数影响火焰闪回的因素有凹腔长深比、凹腔后缘倾角、凹腔下游氮气节流位置。诱发火焰闪回现象的内在机理为：①大凹腔长深比会促进凹腔剪切层与主流之间的质量和热交换；②凹腔内的撞击波作用于剪切层并使其抬升，类似边界层分离效应；③靠近凹腔的氮气喷注形成较强的逆压梯度。

(3) 从高速摄影和纹影图像中观察到边界层逐渐分离，并在其中充满剧烈燃烧的火焰。火焰与分离边界层相互作用导致分离加剧从而形成热力学喉道，造成主流壅塞而诱发火焰闪回现象。

(4) 通过提取燃烧室流场中沿程信息揭示了凹腔下游区域为火焰闪回的敏感区域位置，结果显示温度波动是火焰闪回的敏感参数。

(5) 数值计算中有多种因素可以诱发火焰闪回现象，如增加湍流边界层对主流的压缩效应、增加热力学扰动、改善凹腔下游的局部混合效率等。在这些因素的作用下，边界层与火焰的强烈相互作用使得边界层逐渐分离并占据主流，从而形成热力学喉道并诱发火焰闪回现象。

(6) 火焰闪回诱发机制模型应用简化开口燃烧系统，通过分析三种无量纲参数对释热与散热竞争模型的作用有效解释了实验与数值计算中观察到的现象。总结如下：初始温度波动、扰动驻留时间和系统内总体释热量的改变会显著影响燃烧系统的稳定性，当能量累积超过某个阈值时，小扰动便以指数级放大最终诱发火焰闪回现象。

参 考 文 献

[1] Laurence S, Ozawa H, Lieber D, et al. Investigation of unsteady/quasi-steady scramjet behavior using high-speed visualization techniques[C]. The 18th AIAA/3AF International Space Planes and Hypersonic Systems and Technologies Conference, Tours 2012.

[2] Laurence S J, Karl S, Martinez Schramm J, et al. Transient fluid-combustion phenomena in a model scramjet[J]. Journal of Fluid Mechanics, 2013, 722: 85-120.

[3] Laurence S J, Lieber D, Martinez Schramm J, et al. Incipient thermal choking and stable shock-train formation in the heat-release region of a scramjet combustor. Part i: Shock-tunnel experiments[J]. Combustion and Flame, 2015, 162(4): 921-931.

[4] Ali M, Islam A K M S. Study on main flow and fuel injector configurations for scramjet applications[J]. International Journal of Heat and Mass Transfer, 2006, 49(19): 3634-3644.

[5] Pudsey A S, Boyce R R. Numerical investigation of transverse jets through multiport injector arrays in a supersonic crossflow[J]. Journal of Propulsion and Power, 2010, 26(6): 1225-1236.

[6] Zare-Behtash H, Lo K H, Kontis K, et al. Transverse jet-cavity interactions with the influence of an impinging shock[J]. International Journal of Heat and Fluid Flow, 2015, 53: 146-155.

[7] Babinsky H, Harvey J K. Shock Wave-Boundary-Layer Interactions[M]. Cambridge: Cambridge University Press, 2011.

[8] 崔兴达. 超声速气流中低频燃烧振荡问题研究[D]. 长沙：国防科技大学, 2014.

[9] 赵国焱. 超声速气流中火焰闪回诱发与火焰传播机制研究[D]. 长沙：国防科技大学, 2019.

[10] Jiang G S, Shu C W. Efficient implementation of weighted ENO schemes[J]. Journal of Computational Physics, 1996, 126(1): 202-228.

[11] Wang H B, Wang Z G, Sun M B, et al. Numerical study on supersonic mixing and combustion with hydrogen injection upstream of a cavity flameholder[J]. Heat and Mass Transfer, 2014, 50(2): 211-223.

[12] Pirozzoli S, Grasso F, Gatski T B. Direct numerical simulation and analysis of a spatially evolving supersonic turbulent boundary layer at M=2.25[J]. Physics of Fluids, 2004, 16(3): 530-545.

[13] van Driest E R. Turbulent boundary layer in compressible fluids[J]. Journal of the Aeronautical Sciences, 1951, 18(3): 145-160.

[14] Schlatter P, örlü R. Assessment of direct numerical simulation data of turbulent boundary layers[J]. Journal of Fluid Mechanics, 2010, 659: 116-126.

[15] Duan L, Choudhari M, Wu Mw. Numerical study of acoustic radiation due to a supersonic turbulent boundary layer[J]. Journal of Fluid Mechanics, 2014, 746: 165-192.

[16] Brindle A, Boyce R R, Neely A J. CFD analysis of an ethylene-fueled intake-injection shock-induced-combustion scramjet configuration[C]. The 13th International Space Planes and Hypersonics Systems and Technologies,Capua, 2005.

[17] Xu C, Konnov A A. Validation and analysis of detailed kinetic models for ethylene combustion[J]. Energy, 2012, 43(1): 19-29.

[18] Kalitan D M, Hall J M, Petersen E L. Ignition and oxidation of ethylene-oxygen-diluent mixtures with and without silane[J]. Journal of Propulsion and Power, 2005, 21(6): 1045-1056.

[19] Baker J A, Skinner G B. Shock-tube studies on the ignition of ethylene-oxygen-argon mixtures[J]. Combustion and Flame, 1972, 19: 347-350.

[20] Konnov A A. Implementation of the NCN pathway of prompt-NO formation in the detailed reaction mechanism[J]. Combustion and Flame, 2009, 156: 2093-2105.

[21] Knop V, Michel J B, Colin O. On the use of a tabulation approach to model auto-ignition during flame propagation in SI engines[J]. Applied Energy, 2011, 88(12): 4968-4979.

[22] Colin O, Pires Da Cruz A, Jay S. Detailed chemistry-based auto-ignition model including low temperature phenomena applied to 3-D engine calculations[J]. Proceedings of the Combustion Institute, 2005, 30(2): 2649-2656.